KEXUE HUODONG ZHUTI DEXING YANJIU

科学活动主体德性研究

刁传秀 著

知识产权出版社

全国百佳图书出版单位

图书在版编目（CIP）数据

科学活动主体德性研究 / 刁传秀著 . —北京：知识产权出版社，2018.11
ISBN 978-7-5130-5808-7

Ⅰ . ①科… Ⅱ . ①刁… Ⅲ . ①科研活动—伦理学—研究 Ⅳ . ① B82-057

中国版本图书馆 CIP 数据核字 (2018) 第 202401 号

内容提要

本书主要从科学发展史、德性论和科学伦理学等学科的复合性视域出发，立足于科学活动自身的特点，研究科学活动主体的德性。同时，以理论与实践相结合的方法，进一步探索了科学活动主体德行机制的建构与运作。

责任编辑：王　辉　高　源　　　　　　　**责任印制：**孙婷婷

科学活动主体德性研究

刁传秀　著

出版发行：知识产权出版社有限责任公司		网　　址：http://www.ipph.cn		
电　　话：010-82004826		http://www.laichushu.com		
社　　址：北京市海淀区气象路 50 号院		邮　　编：100081		
责编电话：010-82000860 转 8701		责编邮箱：gaoyuan1@cnipr.com		
发行电话：010-82000860 转 8101		发行传真：010-82000893		
印　　刷：北京中献拓方科技发展有限公司		经　　销：各大网上书店、新华书店及相关专业书店		
开　　本：787mm×1092mm　1/16		印　　张：11.5		
版　　次：2018 年 11 月第 1 版		印　　次：2018 年 11 月第 1 次印刷		
字　　数：165 千字		定　　价：48.00 元		

ISBN 978-7-5130-5808-7

序

伴随着近代科学技术的发展，特别是 20 世纪高技术的发展，科技成果及其应用对生态环境、食品安全、人口、能源等关涉人—自然—社会系统的方方面面产生了前所未有的巨大影响。其中既有造福人类的正效应，亦有对人—自然—社会系统的负效应。如同刁传秀博士在该书中所说，产生了"造福人类的时间悖谬、空间悖谬及研究—应用的悖谬"，诸如生态伦理问题、食品安全伦理问题、基因伦理问题等科技伦理问题日益凸显并且困扰全球，科技活动的伦理风险日益增大。

如何规避或者减少科技活动的伦理风险，解决日益凸显的科技伦理问题？从科技伦理的客体层面而言，亟须建立和完善相关的科技伦理机制和法律法规，以及科技伦理文化氛围；从科技伦理主体层面而言，亟须从德性论和科学伦理学或者技术伦理学的视域，研究科学活动与技术活动主体的德性。

该书主要从德性论和科学伦理学的视域，研究科学活动主体的德性。[①] 尽管对科学"无法下一个多样和多变的普遍有效的"定义，但是可以通过概括科学的三种形相加以说明，即科学是多元的知识单元，通过其内在联系建立起动态的知识体系和知识生产过程的人类活动即科学活动。在这三种形相中，作为知识生产过程的人类活动即科学活动至关重要。因为作为多元的知识单元和动态的知识体系都与知识生产过程的人类活动即科学活动密切相关。因此，作者考察了科学活动及其主体的历史演进，研究科学活动主体德性的历史嬗变。从分析当前科学活动存在的问题入手，揭示了科学活动的德性悖论，其中包括科学探索活动中"真"与"伪"、"真"与"善"的德性冲突；科学创新活动中革故鼎新的困境及优先权之争所引发的德性困惑；造福人类的时间与空间悖谬，即科学活动的近期德福一致与中期或者远期德福背离；局部地区德福优化与全

---

① 其是本人主持的国家社会科学基金项目"现代科技伦理的应然逻辑研究"（12BZX078）的子课题。

球德福次优化或者恶化；研究的优化与应用的退化等。在此基础上，通过反思科学活动的德性悖论，立足于科学活动自身的特点，从两个层面构建科学活动主体的德性：其一，在主体道德哲学层面探究科学活动主体德性的理论建构，其中包括科学探索主体如何克服科学活动真伪悖谬、真与善的冲突，培养自身的科学探索德性；科学创新主体如何突破革故鼎新的困境及优先权之争，塑造自身的创新德性；造福人类的科学活动主体如何规避时间上、空间上及研究—应用上的德福悖谬，构筑其造福人类的德性。其二，在客体道德哲学层面构建科学活动主体德行机制，其中包括探讨建立与完善科学活动主体德行导控与问责机制，探讨如何进一步养成和提升科学活动主体的德性境界，以展现其人格魅力。

从科学活动本身出发研究科学活动主体的德性是该书的一大特色。而刁传秀博士本科并不是学理工科专业的，因而研究这一选题的难度可想而知。难能可贵的是，刁传秀博士以其顽强的毅力与刻苦钻研的韧劲，勤奋研读科技史、科学哲学、科技伦理、德性论等方面的中西方名著，检索相关的中外文论文200余篇。在此基础上，探索并领悟了科学活动的德性本质，继而展开该选题的研究。与此同时，她为了体验科学活动过程，还到工科院系工作实习。"梅花香自苦寒来"，经过5年多的艰辛探索，终于完成了博士论文的出版——她以自己的探索经历诠释了科学活动的德性本质。

客观地说，尽管刁传秀博士写作过程历尽艰辛，取得了一定的研究成果，但是该成果还只是她探索科技伦理的处女作。限于视域和文献的研读，还有许多可升华的空间。这有待于她的进一步研读、探索和完善。既然已经迈开了探索的步伐，相信她一定会在今后的研究和探索的征程中继续砥砺前行，肩负起一个学者探索科技伦理的使命，并使之发扬光大。对此，我们期待着。

陈爱华

2018 年 8 月于翠屏东南

目　　录

绪　　论

随着科学的发展，尤其是高新技术时代的到来，从事科学活动的主体在规模和影响上已超越了以往任何时代。这就不仅要求科学活动主体应具有理性，还要求其应具备德性。

一、问题的缘起

当今社会，科学活动主体的研究成果及其应用已经渗透到社会生活的每一个领域，而其活动，即科学活动，也"被看成是我们全部人类活动的顶点和极致，被看成是人类历史的最后篇章和人的哲学的最重要主题"[①]。作为科学活动的承担者和执行者，科学活动主体须发挥其智力优势以肩负起圆满完成其科学活动的使命。

然而，科学活动主体的研究成果及其应用却是一把"双刃剑"——既造成了前所未有的创造力，也造成了前所未有的颠覆力；既创造了丰富的物质财富和精神财富，使人类享受了其所带来的福祉，又产生了诸多困扰人类的伦理问题，使人类和社会陷入了前所未有的忧患之中。面对如此多的伦理问题，有学者认为，科学之代价并不是完全消极的，它是科学发展所必须付出的代价并且只能在科学的进一步发展中得以解决。简言之，就是通过科学的不断发展解决科学发展中的各种问题。科学活动主体以此方式规避或应对科学活动所引发的各种负面影响（负效应）具有一定的合理性，因为从科学发展史来看，科学的发展确实弥补了以往科学中的某些不足，甚至填补了原有科学的空白并推动了人类文明的进一步发展。然而，科学越发展，人们越发意识到科学及其发展不是万能的。

科学活动主体上述自救工作之所以效果不彰，是因为缺乏对其他一些原因

---

① 恩斯特·卡西尔. 人论 [M]. 甘阳，译. 上海：上海译文出版社，2003：326.

的综合考量，其中既有社会政治、经济、文化的影响，又有科学自身的多重因素，但是最重要的，也是最关键的原因是科学活动主体自身是否具有德性自觉。只有当科学活动主体在科学活动中清晰地意识到自己"应成为何种人"的时候，科学活动主体才会既懂得"能做什么"，又知道"应做什么"。因为"应成为何种人"与"应做什么"具有内在的一致性。这样，科学活动主体作为行为者就从"在者"的状态升华为"应在者"的境界。这意味着，作为行为者的科学活动主体在科学活动中不仅应关注自己"成为一个人"，还需"尊重他人为人"①，从而进一步减少甚至消除科学活动带来的负效应，使科学真正地造福人类。这就客观上要求科学活动主体应具备德性。

早在近代科学兴起之时，德国哲学家、德国古典哲学创始人伊曼努尔·康德就强调"德性就是力量"，并将科学与德性（道德）看成让人为之景仰和敬畏的两样东西。他说："有两样东西，我们愈经常愈持久地加以思索，它们就愈使心灵充满日新又新、有加无已的景仰和敬畏：在我之上的星空和居于我心中的道德法则。"②尤其在当代，科学活动的广度和深度及其影响力已远远超过了康德所处的时代。因此，科学活动主体愈加不可回避康德的问题，即"我能够认识什么""我应当想什么""我能够期望什么""人是什么"。"我能够认识什么"仅体现了科学活动主体对"世界的惊异"——对自然奥秘的好奇心，进而激发了科学活动主体探索自然的动力和认知的需求。当科学活动主体一旦认识到科学活动的成果对自然—社会—人会产生巨大影响时，其思考的重心就会由"我能认识什么"转向"我应当想什么"。如前所述，尽管科学活动在一定程度上满足了人与社会诸多方面的需要，但也对自然—人—社会产生了意想不到的负效应。因此，科学活动具有巨大的伦理风险③。这些风险无论是当下的还是长远的、显性的还是隐性的、偶然的还是必然的、客观的还是主观的，都可能会使自然—人—社会笼罩在"濒临灭绝"的阴影之中，因此科学活动

---

① 黑格尔.法哲学原理[M].范扬，张企泰，译.北京：商务印书馆 2009：46

② 伊曼努尔·康德.实践理性批判[M].韩水法，译.北京：商务印书馆，2007：177.

③ 陈爱华.科学与人文的契合——科学伦理精神历史生成[M].长春：吉林人民出版社，2003：271.

主体需要自觉预测和反思科学活动对自然—人—社会可能造成的正负两极效应，既要"有所为"，又要"有所不为"。而预测科学活动对自然—人—社会可能造成的正负两极效应则意味着科学活动主体对科学活动的期望——"我能够期望什么"。反思这一问题，就需要进一步思考"人是什么"，即科学活动主体"应成为何种人"或应具备何种德性。

就科学活动主体而言，随着科学活动发展的规模越来越大，学科之间的关联越来越密切，科学活动日益组织化和建制化，科学活动主体不仅包括科学活动个体，而且包括科学活动共同体。尽管科学活动共同体是由若干或者众多的科学活动个体组成的，但是科学活动共同体不是科学活动个体的简单叠加，而是以"整个的个体"①的形式开展活动的特殊主体。这样就形成了科学活动中错综复杂的伦理关系。为了使科学活动顺利进行并且实现其造福人类的总目标，科学活动主体德性研究越来越引起学术界的广泛关注，并成为当代科技伦理研究和科技道德哲学研究的热点问题。

二、文献综述

科学活动主体德性研究首先要厘清国内外历史上关于科学活动主体及德性伦理学的研究。其后，梳理不同学科视域中科学与德性的相关研究，如科学哲学视域中的德性研究、科学伦理学视域中的德性研究、德育学视域中的科学人才德性培养研究等。

1. 关于科学活动主体的研究

科学活动主体是本研究的"域"。这就客观上要求对科学活动主体做概括性的说明。

---

① "整个的个体"是黑格尔在《精神现象学·下卷》中提出的一个重要概念。在他看来，"一个整体的力量，它重新把这些部分联结为对它们否定着的统一体，它使它们感觉到它们自己没有独立性，并使它们意识到只有在整体中它们才有生命"（黑格尔. 精神现象学下卷 [M]. 北京：商务印书馆，1997：13.）我国学者马维娜也对其进行了细致的分析。她认为，整个的个体是"其本身是普遍物的那种个体"，"作为'整个的个体'，首先是'整个'或'整体''集体'；其次更隐蔽也更重要的，是一个'个体'，是集体化或整体化的'个体'。"（马维娜. "整个的个体"：中国教育改革中的国家、地方、学校 [J]. 江苏社会科学，2012（4）：243–250.）

马丁·海德格尔从存在论的视角出发，认为科学是人的活动，是人这种存在物的存在方式。苏联科学学家彼德·阿列克谢耶维奇·拉契科夫认为，科学是一种特殊的社会活动，是一个相对独立的社会体系，这个体系把科学家和科学组织联合起来，为认识现实的客观规律和确定实际应用这些规律的形式与途径服务。陈文化、李立生在《"科技伦理"是一种抽象的伦理观》①一文中分析了科学活动的系统。他们认为科学活动系统是由主体要素（科技劳动者）、主客化要素（指主客体相互作用而产生并外化的科技活动及其管理方式方法等）与客体要素（物质手段和科技对象）相互作用的动态过程。李兆有在《技术创新主体论》②一书中强调主体的价值，他指出技术创新活动就是创新主体从事的创造性活动，离开技术创新主体，离开主体人与客体对象间认识与被认识、改造与被改造、塑造与被塑造的关系，只是从客体的角度研究技术创新过程，就不能深刻地把握技术创新的实践本质。他强调技术创新主体是技术创新研究中带有根本性和基础性的问题之一。

学术界关于从事科学活动的主体的提法有很多，但一直没有形成一个公认的名称。曾德聪在1986年出版的《科学家与科技人才群落》③一书中使用了"科技人才群落"这种提法，并对中西方主要国家的科技人员进行了界定：美国把科技人员分为工程师、科学家和技术员；日本把研究人员、技术人员和技术教育人员统称为科技人员；苏联科技人员的范围很广，包括科学院的正式院士和通讯院士，或有科学博士、副博士学位的，或有教授、讲师、高级研究员、初级研究员和科研辅助人员等学衔的所有人员，还包括在科研机构从事研究工作和在高等院校从事科研教学工作的人员，甚至还包括在工业企业和设计单位系统地从事科研工作的没有学位和学衔的专门人员。而我国对从事科学活动的人员的界定比较狭隘，其中科学家并不包括那些称得上科学家的科学技术工作者。

1986年，周寄中出版了《科学殿堂里的共同体》一书，详细介绍了科学

① 陈文化，李立生."科技伦理"是一种抽象的伦理观 [J]. 自然辩证法研究，2001（9）：23–27.
② 李兆有. 技术创新主体论 [M]. 沈阳：东北大学出版社，2002.
③ 曾德聪. 科学家与科技人才群落 [M]. 福州：福建科学技术出版社，1986.

殿堂里有什么样的共同体，共同体里有些什么样的人。王育殊、陈爱华在其著作中使用了科学活动主体这一概念，并将其分为科学活动个体与科学活动共同体。

科学共同体是 1942 年由英国科学家和哲学家卡尔·波兰尼在《科学的自治》一文中首次提出的，他把科学共同体视为按地区划分的"科学家群体"。1962 年，美国科学家、哲学家托马斯·塞缪尔·库恩在《科学革命的结构》中对这一概念作了专门论述，并把科学共同体作为研究科学发展模式的逻辑起点。1988 年，戴安娜·克兰的《无形学院——知识在科学共同体的扩散》中译版出版，她把库恩关于科学发展的范式理论和科学共同体学说、普赖斯关于科学知识增长的定量研究及她自己关于学科中社会组织的研究精致地结合起来。国内学者也从不同的视角论证科学共同体。有些学者关注科学共同体本身的研究，如殷正坤在《略论科学共同体》中考察了科学共同体的不同结构层次；顾昕在《科学共同体的社会分层》中着力于决定着科学共同体内部社会不平等的过程及科学作为一种社会建制的运行方式的理解。有些学者从社会学的视角论证科学共同体，如吴忠的《后期默顿的科学共同体社会学》、冯鹏志的《科学共同体的社会学说明——默顿模式与库恩模式之比较》、王德禄的《对科学共同体自主运转的诘难》、王阳的《论科恩的"科学共同体的社会学"》。有些学者从伦理学的视角对科学共同体进行分析和考察。韩启德院士强调必须唤醒科学共同体的科学道德责任意识；王珏在《科学共同体的集体化模式及其伦理难题》中不仅将科学共同体划分为三种模式，还指明科学共同体的集体化模式在科学活动展开过程中遇到了许多伦理难题；薛桂波先后发表了《科学活动共同体的伦理之维》《科学共同体的伦理精神》《科学共同体的伦理秩序》《科学共同体的"伦理世界观"》《科学活动共同体"冲动的合理体系"》。她认为：在当前的"大科学"时代，科学共同体已成为科学活动的主体。"科学共同体"是"共同体"的一种特殊形式。在当今科技异化的现实背景下，科学共同体已日益与伦理相联系，具有伦理的特性和功能。从伦理学的视角来看，科学共同体是一种伦理实体，其伦理性的品质特征是伦理精神，它既包括又超越于作为其成员的科学家个体的道德精神，实现了"单一物与普遍物的统一"，即个体与共同体的统一。坚持科学共同体的伦理性对解决当前的科技异化问题具有关键性意义 ①。

2. 关于德性伦理学的研究

亚里士多德的《尼各马可伦理学》作为一部传世经典之作详细介绍了德性之种属，并对理智德性与道德德性作出了具体的阐释。20 世纪后半期，著名哲学家阿拉斯戴尔·麦金太尔发起了一场复兴德性伦理学的运动，并于 1981 年出版了一本现代德性伦理研究的纲领性的文献《德性之后》。所谓复兴德性伦理传统，是指复兴古希腊的德性伦理，因此涌现了一批研究古希腊德性伦理思想的哲学家。琳达·R. 拉比耶致力于研究柏拉图的德性伦理思想，并著有 *Plato and the Virtue of Courge*。在该书中，她详细论述了柏拉图及其勇敢的德性。还有学者着力论述亚里士多德的德性伦理思想，比如 Paula Gottlieb（*The Virtue of Aristotle's Ethics*）和 Shane Drefcinski（*A Defense of Aristotle's Doctrine of the Unity of the Virtues*）。这两本书分别论述了亚里士多德伦理学中的德性思想和亚里士多德关于诸德性的统一性的思想。有一批学者对近代著名科学家或哲学家的德性思想进行了论述，如 Richard Davies 对笛卡尔的信仰、怀疑和德性思想进行了阐释，Monika Betzler 论述了康德的德性伦理思想，Martin James Townley 在他的博士论文 *Kant and Aristotle on Practical Reason and Virtue* 中也试图对康德和亚里士多德的德性思想进行跨时代的对照。还有一批学者致力于德性伦理理论的研究，如 Daniel Statman 在 1997 年出版了 *Virtue Ethics：A Critical Reader*，Michael Slote 在 1992 年和 2001 年分别出版了 *From Morality to Virtue* 和 *Morals from Motives*，David Copp and David Sobel 出版了 *Morality and Virtue：An Asessment of Some Recent Work in Virtue Ethics*，此外还有 Matt Ridley 的 *The Origins of Virtue：Human Instincts and the Evolution of Coopera-*

---

① 薛桂波.科学共同体的伦理精神 [D]. 南京：东南大学，2007.

tion，Robert Merrihew Adams 的 *A theory of Virtue：Excellence in Being for the Good*，Julia Driver 的 *Uneasy Virtue*，John M. Rist 的 *Real Ethics：Reconsidering the Foundations of Morality*，Rosalind Hursthouse 的 *On Virtue Ethics* 和 Ronald Dworkin 的 *Sovereign Virtue： the Theory and Practice of Equality* 等。余纪元著有《德性之镜：孔子与亚里士多德的伦理学》一书，他试图对孔子和亚里士多德的伦理思想进行跨文化的对照，以找出二者异同之处，并探索这些异同对当代德性伦理学的影响。

20 世纪 80 年代之后，随着西方一大批关于德性伦理学的论著涌入我国，我国对德性伦理学的研究也日益兴盛起来，如廖申白翻译了亚里士多德的《尼各马可伦理学》，苗力田翻译了《亚里士多德选集》和《道德形而上学原理》，龚群和宋继杰先后翻译了麦金太尔的《德性之后》等。国内研究德性与德性伦理的论著也相继问世，如陈根法的《德性论》、王国银的《德性伦理研究》、秦越存的《追寻美德之路：对现代西方伦理危机的反思》、江畅的《德性论》等。然而，德性伦理学并不是舶来品，儒家以"如何修身成为君子"为主要问题，所以儒学是地地道道的"中国德性伦理学"，而不是"德性伦理学在中国"①。

（1）关于德性伦理学研究的目标

余纪元认为德性伦理学以"做什么样的人"（而不是"应做什么样的行为"）为主要问题，以"德性"（而不是"行为规范"）为中心概念。

王国银归纳了德性伦理的五条特征：第一，德性伦理是作为一种"以行为者为中心"，而不是"以行为为中心"的伦理学；第二，它关心的是人"在"的状态，而不是"行"的规条；第三，它强调的是"我应该成为何种人"，而不是"我应该做什么"；第四，它采用特定的具有美德的概念，而不是义务的概念作为基本概念；第五，它排斥把伦理学当作一种能够提供特殊行为指导原则或原则的汇集②。

秦越存也认为美德伦理是以人为中心，而不是以人的行为为中心；它关心

① 余纪元. 德性之镜：孔子与亚里士多德的伦理学 [M]. 林航，译. 北京：中国人民大学出版社，2009.
② 王国银. 德性伦理研究 [M]. 长春：吉林人民出版社，2006.

的主要是人的内心品德的养成，而不是人的外在行为的规则；它的核心问题是"人应该成为何种人"，而不是"应该做什么"。用黑格尔的话说德性的主要任务就是要"成为一个人，并尊重他人为人"。①

（2）关于德性范畴的研究

麦金太尔对西方社会不同时期的德性概念进行了概括性的梳理。他认为荷马英雄社会的德性是一种能使个人负起他或她的社会角色的品质；亚里士多德、《新约》和阿奎那的德性是一种使个人能够接近实现人的特有目的的品质，不论这目的是自然的，还是超自然的；富兰克林的德性是一种在获得尘世的和天堂的成功方面功用性的品质。而麦金太尔自己这样定义德性：德性是一种获得性人类品质，这种德性的拥有和践行，使我们能获得实践的内在利益，缺乏这种德性，就无从获得这些利益。麦金太尔认识到德性没有一个单一的、中心性的、核心的概念，德性概念具有历史性、差别性、不相容性及多层次的特征。麦金太尔试图在多样性的德性观中理出一个统一的、核心的德性概念。他认为多样性的德性统一于实践，一旦进入实践，就必须接受这些标准的权威性②。

中国社会是一个伦理型文化的社会，因此自孔子起就已对德性伦理展开了论述。孔子的仁爱、忠恕、修己，孟子的仁、义、礼、智，朱熹的居敬、穷理、省察都是我国德性伦理思想的重要体现。及至近现代，德性的概念得以扩展。李兰芬认为德性就是让一个人高尚并使其实践活动完美的品质，是人之为人的内在规定，是实现人与自然、人与社会、人与自己相和谐的内在动力③。王国银指出德性作为内在的品质，不仅来自义务的规范，还来自"善"与"恶"的价值规定。陈根法认为德性是指"善"和"德福一致"。王小锡在博士论文《经济德性论》中首先对复杂视角中的德性含义进行梳理，接着从五个维度把握德性。在他看来，德性是人的德性，是人的群体性的德性，是一种崇善的境界，是知识和智慧的理性存在场，是持久的品质，是履行体现应该的行为规范体系

---

① 秦越存. 追寻美德之路：麦金太尔对现代西方伦理危机的反思 [M]. 北京：中央编译出版社，2008.
② 阿拉斯代尔·麦金太尔. 德性之后 [M]. 龚群，等译. 北京：中国社会科学出版社，1995.
③ 李兰芬，王国银. 德性伦理：人类的自我关怀 [J]. 哲学动态，2005（12）：40-45.

的行为。他认为德性的这五个维度不是相互分离的，而是统一的，因而他主张将德性视为一个综合性的概念，是指一定社会的道德主体在崇善的道德境界支配下为实现道德理想而自觉履行道德义务的持久品质①。

（3）关于德性结构与特征的研究

道德心理学将个体品德或德性构成分为五个方面，即道德认知、道德情感、道德意志、道德信念、道德行为②。

亚里士多德将德性分为道德的德性与理智的德性。他认为理智德性由教导生成，而道德德性则需要通过习惯养成③。高国希在《德性的结构》中梳理了德性内涵的基本层面，探讨了德性的品性、实践智慧、情感、理智能力等层面的特征，力求反映出德性不同于规则、原则的机理④。余纪元比较了亚里士多德与孔子德性观点的不同。他认为亚里士多德的伦理学牵涉三个层面：拥有德性、运用德性（德性活动）及获得整个生活的幸福。三个层面相互关联，但它们并不一样。幸福不在于拥有德性，而在于德性的活动，以及整体生活的美好。相反，孔子的伦理学只关注德性，并把德性作为生活的最终目标⑤。俞世伟认为道德规范、德性和德行的实践价值，只有在三者动态作用的过程中才能得到体现，这一动态的实践价值通过主体行为的践履将知、情、意的关系统一起来⑥。王国银认为德性的现实运动过程是一个"德知—德性—德行"的递进过程。

就德性与人的关系来说，康德认为德性作为一个完全完整的东西，不能认为是人占有德性，而要看作德性占有了人，因为人不能选择另一种德性，像选择摆在面前的货物一样⑦。杜振言认为主体性和规范性是社会道德现象的两个

① 王小锡.经济德性论：对经济与道德之关系探讨[D].长沙：湖南师范大学，2008.
② 曾钊新.道德心理学[M].长沙：中南大学出版社，2002.
③ 亚里士多德.尼各马可伦理学[M].廖申白，译注.北京：商务印书馆，2008.
④ 高国希.德性的结构[J].道德与文明，2008（3）：37-42.
⑤ 余纪元.德性之镜：孔子与亚里士多德的伦理学[M].林航，译.北京：中国人民大学出版社，2009.
⑥ 俞世伟.规范·德性·德行——动态伦理道德体系的实践性研究[M].北京：商务印书馆，2009.
⑦ 伊曼努尔·康德.道德形而上学原理[M].苗力田，译.上海：上海人民出版社，2005.

方面，道德首先是人的道德，离开人这一主体，道德也就无从谈起①。

3. 关于不同学科视域中科学与德性的研究

科学与德性在不同学科视域中有不同的研究进路。科学哲学在科学知识论的论域中研究德性，科学伦理学在科学活动及科技成果应用的论域中谈论德性，德育学则在科学人才培养的论域中研究德性。

（1）关于科学哲学视域中的德性研究

科学哲学视域中的科学是科学知识及探索科学知识的经验、实验或社会活动。历史上赞同从科学知识论视角研究科学的科学家有康德、汉斯·波塞尔、霍奇森、克龙比、拉维茨等。经验、实验或社会等活动是获得科学知识的重要途径。H. 费格尔等认为科学经验活动"不是建立在个人观察、印象、感觉材料等之上，而是设立在经验的、实验的（一般是可测量的）形式上"②。伽利略、巴甫洛夫等坚持科学实验活动是获得科学知识的重要手段，实验比观察更可靠，"实验好像是把各种现象拿在自己的手中，并时而把这一现象，时而把那一现象纳入实验的过程，从而在认为的简化的组合中确定现象间的真实联系。换句话说，观察挑选自然提供的东西，而实验则从自然那里把握它想把握的东西"③。韦伯、舍勒、默顿等提出了知识社会学的主张。他们认为，知识的产生和发展与社会有不可分割的联系。中国也有许多这样的学者，如刘大椿、陈昌曙、吕乃基、马雷、林定夷等。刘大椿在其著作④中屡次提到科学活动。他论证了把科学看作一种重要的人类活动的合理性，并分析了科学活动的结构特征，指出科学活动的结构是由基础研究、应用研究和开发研究三种科学活动组成的庞大而有机的体系。他既探讨这种活动的结果及导致结果的过程，又探讨

① 杜振言. 论道德的主体性和规范性 [J]. 湖南师范大学社会科学学报，2003（2）：5-10.
② 顾肃. 科学理性论 [M]. 北京：中国社会出版社，1992.
③ 巴甫洛夫·伊凡·彼德罗维奇. 甫洛夫选集 [M]. 吴生林，贾耕，等译. 北京：科学出版社，1995：115.
④ 刘大椿关于科学活动的主要著作有《科学活动论》（北京：人民出版社，1985）、《从中心到边缘：科学、哲学、人文之反思》（北京：北京师范大学出版社，2006）、《走向自为——社会科学的活动与方法》（重庆：重庆出版社，2007.）。

这种活动与其他人类活动的关系，并且用活动论的观点对科学作了认识论的分析和心理学、社会学的研究。

科学哲学视域中的德性与科学哲学的研究目的、对象及研究活动相对应，一般被称为科学的精神气质或科学规范。国内外不少科学家对此进行了大同小异的论述：笛卡尔在《探索真理的指导原则》中总共罗列了 21 条获得知识的指导原则①；默顿认为现代科学的精神气质包括普遍主义、公有性、无私利性及有组织的怀疑态度四个方面。普遍主义"直接表现在下述准则中，即关于真相的断言，无论其来源如何，都必须服从于先定的非个人的标准：即要与观察和以前被证实的知识相一致"，公有性是指"科学的重大发现都是社会协作的产物，因此它们属于社会所有"，无私利性"既不等同于利他主义，也不是对利己主义感兴趣的行动"，有组织的怀疑"与科学的精神特质的其他要素都有不同的关联。它既是方法论的要求，也是制度性的要求。按照经验和逻辑的标准把判断暂时悬置和对信念进行公正的审视，业已周期性地使科学陷于与其他制度的冲突之中了。科学向包括潜在可能性在内的涉及自然和社会方方面面的事实问题进行发问，因此，当同样的事实被制度具体化并且常常是仪式化了时，它便会与其他有关这些事实的态度发生冲突"②。刘大椿将科学的精神气质归纳为五个方面，即普遍性、竞争性、公有性、诚实性和合理的怀疑性，其具体阐述与默顿并无很大的差别。

（2）关于科技伦理学视域的德性研究

科学有无伦理问题一直是一个备受争议的话题。许多科学哲学家从科学知识论的视角出发主张科学与伦理无涉，正如甘绍平所概括的那样，"持否定态度者认为，科学家的研究目的是追求现实世界中存在着的客观真理，判断科学知识及理论的标准是真与假，而不是道德意义上的好与坏；工程技术人员的工程营建所依据的也是自然界本身的客观法则，判断技术发明与应用的标准是先进或落后，而不是道德意义上的善与恶。因此，科技领域本身是价值中立的，

① 勒奈·笛卡尔.探索真理的指导原则 [M].管震湖，译.北京：商务印书馆，1991.
② R.K.默顿.科学社会学：上册 [M].鲁旭东，林聚任，译.北京：商务印书馆，2003：365-376.

并非伦理道德的研究对象"①。

许多学者从科学成果社会应用的视角出发研究科学的伦理问题，如周昌忠的《普罗米修斯还是浮士德——科技社会的伦理学》、杨莉的《科技时代的伦理问题研究》、徐少锦的《科技伦理学》、陶明报的《科技伦理问题研究》、余谋昌的《环境伦理学》、李春秋的《当代生命科技的伦理审视》、李建凡的《克隆技术》、肖平的《工程伦理学》、孙慕义的《医学伦理学》、邱仁宗的《生物医学研究伦理学》、王前的《中国科技伦理史纲》、王国豫与刘则渊合编的《高科技的哲学与伦理学问题》、王玉平编著的《科学技术发展的伦理问题研究》等专著及发表在国内外高等杂志上的论文。陈爱华在其题为《略论科学活动的伦理价值》的论文中指出科学活动的伦理价值是科学活动主体对人的价值的肯定，是科学活动主体对科学活动成果的社会应用中所产生的正负两极效应的自觉，同时也是科学活动主体探索科学活动成果合理应用的实践和对促进自然—人—社会系统协同运行的道德责任与"终极关怀"②。蔡贤浩在《浅谈现代科学共同体的伦理规范》中论述道，"现代科技对人类社会的影响日益加深。科技进步给世界带来空前繁荣的同时，环境污染、物种灭绝、生态失衡等各种问题随之而来，同时也带来人们思想观念的巨大变化。为此，作为科学技术活动的主体和科技知识最主要的载体——科学共同体，有责任、有义务树立坚定的'科技良心'和职业伦理道德，为人类的可持续发展尽职尽责，使科技文明为人类创造繁荣的同时，尽可能减少其负面影响"③。

甘绍平等对科学成果社会应用中伦理问题的研究提出了质疑。甘绍平认为，"科技成果的应用与道德有关，但应用已经属于科技本身之外的领域了，应用道德是不能构成科技伦理本身的内容的"④。他又指出，"我们讲科技伦理，并不是指科技成果本身有什么伦理，而是指科学研究、技术探索过程

① 甘绍平. 应用伦理学前沿问题研究 [M]. 南昌：江西人民出版社，2002：104.
② 陈爱华. 略论科学活动的伦理价值 [J]. 苏州科技学院学报，2003（8）：34-37.
③ 蔡贤浩. 浅谈现代科学共同体的伦理规范 [J]. 广西社会科学，2004（5）：29-32.
④ 甘绍平. 应用伦理学前沿问题研究 [M]. 南昌：江西人民出版社，2002：105.

中的伦理"①。科学伦理问题是"科学活动本身的伦理问题，即探寻科学家在其研究的过程中、工程师在其工程营建的过程中是否及在何种程度上涉及以责任概念为表征的伦理问题"②。有许多学者与甘绍平一样主张将科学活动作为科学伦理研究的切入点。陈文化和李立生也认为，"'科技'与'科技活动'是两个不同的概念，而且伦理道德问题源于人的社会实践活动"③。Bermard E.Rollin 在 *Science and Ethics* 中致力于从理论和实践的层面论证科学伦理的合理性④。

国内从科学活动及科学成果社会应用的综合视角出发进行科学伦理研究的论文有很多。许多学术论文在一些知名期刊上发表，其内容涉及虚拟空间和现实空间中的方方面面，包括网络信息技术伦理研究、基因技术伦理研究、转基因技术伦理研究、克隆技术伦理研究、纳米技术伦理研究。

专门研究科学活动中的德性（科学活动论视域中的德性）的学者及论著并不多见。美国学者 Louis Caruana 在 *Science and Virtue*： *An Essay on the Impact of the Scientific Mentality on Moral Character* 中论述了科学与德性的内在关联，他指出科学不仅仅是一种知识系统，它还是一种决定生活方式的重要因素⑤。《科学伦理学》一书根据科学劳动的特点归纳出该职业特有的道德规范：其一，"科学的全人类性和科学技术日益广泛渗入社会生活的特点，决定了'献身科学，造福人类'是科学道德的重要规范"；其二，"真实无虚是科学劳动的另一特点，它不仅是科学劳动的态度和方法，而且也具有丰富的道德内容"；其三，"创造性与探索性是科学劳动的特征，这种特征体现在主体心理和行为模式中便形成科学创新精神。勇于探索、合理怀疑是这种精神的一个十分重要的方面"⑥。1993 年，陈爱华在《哲学研究》上发表了一篇题为《试论

① 甘绍平 . 科技伦理：一个有争议的课题 [J]. 哲学动态，2000（10）：5–8.
② 甘绍平 . 应用伦理学前沿问题研究 [M]. 南昌：江西人民出版社，2002：103.
③ 陈文化，李立生 . "科学伦理"是一种抽象的伦理观 [J]. 自然辩证法研究，2001（9）：23–27.
④ Bermard E.Rollin. Science and Ethics [M].Cambridge：Cambridge University Press，2006.
⑤ Louis Caruana. Science and Virtue： An Essay on the Impact of the Scientific Mentality on Moral Character [M].Gateshead：Athenaeum Press Ltd，2006.
⑥ 王育殊 . 科学伦理学 [M]. 南京：南京工学院出版社，1988：252–269.

科学活动的德性本质》的论文，她强调科学活动对科学活动主体道德认知的启迪、道德情感的陶冶和道德意志的磨炼，从而为人的品性完善奠定了坚实的基础①。陶明报于2003年在《道德与文明》上发表了一篇题为《论科技活动中的德性》的论文，该篇论文进一步论述了科学活动中的德性。陶明报指出，科学中虽然不包含关于善恶的道德判断，但人们从事科技活动的目的、动机、情感却可以调发出使命感和责任感等相关道德命题。从事科学活动有助于砥砺主体意志的顽强性，提高主体内在的自制力，锻炼道德选择的决断性②。

（3）关于德育学视域中的科学人才德性培养研究

在科学人才培养视域中，一部分学者从德育学角度出发关注科学活动主体应具有什么样的思想品质或道德修养。1984年，杨德荣出版了《科学家与科学道德》一书。这是一本德育丛书，它集中阐释了中西方科学家的科学道德。同年，邸鸿勋出版了《科技人才的培养与管理》和《科技人才概论》两本专著。1985年，孙华旭主编的《科技工作者思想品德概论》出版。全书分三编，"第一编从科技工作的特点和我国当代理工科大中专学生的历史使命出发，阐述了加强思想品德修养的必要性和重要性；第二编阐述了从事科研所应必备的思想修养；第三编则论述了科技工作者在科技活动中所具备的品德修养"③。姚炎祥也于同年出版了《科技人才修养十二讲》。1987年，李福科的《科技人才品格结构》和马桂秋的《科技人才学》相继出版。之后，又相继出版了《当代科技人才素质》《科技人才素质结构》《科技工作者的社会责任》《科技创新与竞争力：建构自主创新能力》等专著。

从总体来看，学术界已经对从事科学活动的各类主体及德性伦理学进行了纵深研究，并且从不同学科（科学哲学、科技伦理学、德育学）视域研究科学与德性。尽管如此，仍存在着一些不足之处：科学哲学视域中的德性与科学哲学的研究目的、对象及研究活动相对应，一般被称为科学的精神气质或科学规

① 陈爱华.试论科学活动的德性本质 [J].哲学研究，1993（3）：44-48.
② 陶明报.论科技活动中的德性 [J].道德与文明，2003（3）：33-35.
③ 孙华旭.科学工作者思想品德概论 [M].沈阳：辽宁科学技术出版社，1985.

14

范，如普遍性、公有性、诚实性、合理的怀疑性等；科学伦理学的研究视域主要集中在两个层面：一是科学活动中的伦理或德性研究。二是科学成果社会应用中的伦理或德性研究。目前，对于科学活动论视域中的德性研究得很少，而对科学成果社会应用中的伦理问题的研究也不在德性论的视域，而是在伦理学视域；德育学视域中科学人才德性培养更关注科学活动主体应通过教导养成什么样的德性。所以，科学活动主体德性研究缺乏德性论与科技伦理学的复合研究，缺乏系统性的研究及理论与实践相结合的研究。

三、研究方法

本书以马克思主义的历史唯物主义和历史辩证法为指导，从科学活动论、德性论与科学伦理学的复合视域研究科学活动主体的德性，在研究过程中，主要运用了以下几种方法：内引式的概念辨析法、系统论方法、学科交叉方法及理论与实践相结合的方法等。

1. 内引式的概念辨析法

在辨析科学活动主体德性的相关概念时，本书注重从科学、科学活动、科学活动主体等概念的阐释中析出它们之间内在的逻辑关系；在分析科学活动的概念时，注重分析科学活动的样态及其本质；在解析科学活动主体的德性时，注重从科学活动自身的特点出发，阐述科学活动主体的德性。

2. 系统论方法

科学活动是一个复杂性的活动系统，它包括探索、创新和造福人类的活动，是基础研究、应用研究、开发研究的统一体，是科学技术化、技术、生产一体化的活动。本书正是将科学活动作为一个复杂性的活动系统，揭示了当代科学活动蕴含的多重德性悖论，在此基础上，从科学活动自身的特点，探究科学活动主体德性的理论建构、德行机制和德性人格。

3. 学科交叉方法

如前所述，由于科学活动是一个复杂性的活动系统，研究科学活动主体的德性不可避免地会涉及不同的学科或领域，诸如道德哲学、科学社会学、道德心理学、人类学、历史学等。只有在这些学科的相互交叉中，才能探索科学活动主体德性的本质及其理论建构与相关机制。

4. 理论与实践相结合的方法

科学活动是一项实践性很强的人类活动。无论是科学活动主体德性的理论建构，还是科学活动主体德行导控与问责机制的探讨都需要运用理论与实践相结合的方法。这样，才能对科学活动主体德性养成具有指导性，对于科学活动主体德行机制的构建具有前瞻性，进而进一步深化和推进科学伦理学与德性论研究。

四、研究内容和可能的创新

1. 研究内容

本书主要从科学发展史、科学活动论、德性论与科学伦理学的复合视域研究科学活动主体的德性。

第一章从辨析科学、科学活动、科学活动主体、德性等相关概念入手，研究科学活动主体德性的内涵。科学活动主体的德性从主体的科学活动层面主要包括作为科学探索活动主体的德性、作为科学创新活动主体的德性和作为造福人类的科学活动主体的德性；从科学活动的主体层面主要包括科学活动个体的德性和科学活动共同体的德性。

第二章从考察科学活动及其主体的历史演进入手，研究科学活动主体德性的历史嬗变。科学活动历经从零散到汇聚、从单一科学到综合性科学的发展历程；其组织方式从民间向国家转型；其研究视域从学科视野转向全球视域。由此，科学活动的主体也从个体向共同体演化。相应地，科学活动主体德性也就由真向真善美延展，由个体德性走向个体—共同体德性。

第三章从分析当前科学活动及其主体存在的问题入手，即科学活动自身发展的特性、科学活动主体的认知局限及其行为所受的名利诱惑等，揭示了科学活动主体的德性悖论。其中，包括科学活动主体在科学探索活动中的真伪悖谬和真善冲突；在科学创新活动中革故鼎新的困境及优先权之争；在造福人类的科学活动中德福的时间悖谬、空间悖谬和内在悖谬，即科学活动近期德福一致与中期或者远期德福背离；局部地区德福优化与全球德福次优化或者恶化；研究的优化与应用的退化等。

第四章从反思科学活动主体的德性悖论入手，立足于科学活动自身的特点，探究科学活动主体德性的理论建构。其中，包括科学探索主体应克服科学探索活动中的真伪悖谬和真善冲突，培养自身的探索德性；科学创新主体应突破科学创新活动中革故鼎新的困境及优先权之争，塑造自身的创新德性；造福人类的科学活动主体应规避造福人类的科学活动中出现的时间上、空间上及"研究—应用"上的德福悖谬，构筑其造福人类的德性。

第五章从构建科学活动主体德行机制入手，探讨建立与完善科学活动主体德行导控与问责机制，进一步达到和提升科学活动主体的德性境界，展现其人格魅力。

2. 可能的创新与不足

本书的创新主要表现为：在理论上，系统和深入地研究科学活动主体的德性，不仅进一步推进了科学伦理的理论研究，而且拓宽了德性论的研究领域；在此基础上，进一步探讨了科学活动主体的德行导控与问责机制，以养成其德性并提升其德性人格境界，因而在实践上，具有一定的前瞻性和指导性。具体表现在以下三个方面。

第一，研究视角的创新。本书以马克思主义的历史唯物主义和历史辩证法为指导，从科学发展史、科学活动论、德性论与科学伦理学等学科的复合视域，辨析科学活动主体的德性概念、科学活动主体德性的历史嬗变，进而探索当前科学活动主体德性凸显的主要问题、科学活动主体德性的理论建构及其现实运作机制等。

第二，理论研究的创新。本书以科学发展史、科学活动论、德性论、科学伦理学、道德哲学等多学科交叉的方法剖析科学活动主体的德性悖论，其中包括科学探索活动主体的德性悖论、科学创新活动主体的德性悖论与科学活动的德福悖谬。在此基础上，探讨科学活动主体德性的理论建构。其中，包括建构科学活动主体的探索德性、创新德性及造福人类的德性。

第三，实践研究的创新。在上述理论探索的基础上，以理论与实践相结合的方法，进一步探索科学活动主体德行机制的建构与运作，其中包括科学活动主体德行导控与问责机制，从而提升科学活动主体的德性境界，展现科学活动主体的德性人格魅力。

但是，由于本书关涉的领域多，又限于作者资料搜集、研究的视域及研究水平，还存在诸多的疏漏与不足，有待于今后进一步深入研究。

第一章　科学活动主体德性相关概念

探索科学活动主体的德性主要关涉以下四个概念，即科学、科学活动、科学活动主体、德性。因此，首先须厘清这些概念的内涵，分析它们之间的内在关联，继而揭示科学活动主体德性的内涵。

第一节　科学与科学活动及其主体

探索科学活动主体的德性必须首先弄清科学的内涵，了解科学活动与科学的关系，科学活动的内涵及其样态；而科学活动总是科学活动主体的活动，因此还须阐述科学活动主体的内涵，从而为进一步分析科学活动主体的德性奠定基础。

一、科学

要研究科学最简便的方法莫过于从科学的定义开始。但对于"什么是科学"却没有"科学"的答案。究其症结在于科学的多变性和多样性。鉴于此，只能在科学的多维形相中把握科学。

1. 科学能否定义

历史上曾有许多学者试图给科学下一个简明、精确而又完备的定义。康德、波塞尔、辛格、莫尔、阿列克谢耶夫、拉契科夫、默顿、仓桥重史等人都曾做过此类尝试，但无一例外均以失败告终。科学定义之难已被学术界公认。美国著名科学史教授戴维·林德伯格坦言，"要给科学下一个人人满意的定义，是十分令人头疼的问题"①。究其症结，在于科学的特质。科学是一个历史的、

---

① 戴维·林德伯格.西方科学的起源：公元前六百年至公元一千四百五十年宗教、哲学和社会制度大背景下的欧洲科学传统 [M]. 王珺，等译.北京：中国对外翻译出版公司，2001：1.

动态的、发展的概念。科学中既有历史和现实的连接，又有发展和变动的因素，还有人类对科学日益深化的反思。故而，科学总是呈现出多变性和多样性的特点。但是，科学的多变性和多样性又为定义科学设下了重重障碍。

首先，科学从其最初产生直到现在，一直处于不断的发展和变化之中，因而不能以一个简单的定义来诠释科学。正如科学学的创始人之一贝尔纳所言："科学在全部人类历史中的确已如此地改变了它的性质，以致无法下一个适合的定义。"①

其次，科学就其学科发展而言，具有多元性、多样性的特征。因而，从单一的视角无法系统地、全面地把握科学。当代德国著名哲学家汉斯·波塞尔将以科学为研究对象的科学分为科学史、科学社会学、科学心理学、科学政治学、科学道德学、科学认识论、科学形而上学。科学史具体描述某一学科是怎样发展而来的，它关心的是某一科学理论的历史变化；科学社会学研究科学发展的社会条件与背景，并将科学看成人类的一种社会行为；科学心理学则着眼于某位具体的科学家心理学方面的问题；科学政治学致力于在政治范围内为科学确定行为标准；科学道德学探讨科学行为的道德性问题；科学认识论将科学作为认识活动来研究；科学形而上学或者科学哲学试图建立一套完整的知识理论体系用来代表与概括所有系统性的知识。我国学者王德胜更是倡导从科学史论、科学方法论、科学法则论、科学认识论、科学系统论、科学环境论、科学动力论、科学模式论、科学活动论、科学价值论等视角全面反思和理解科学。"横看成岭侧成峰，远近高低各不同。"从不同的侧面和视角研究科学，其着眼点和落脚点不尽相同。

由此可见，历史上皆无法对多样和多变的科学下一个普遍有效的、放之四海而皆准的定义。麦卡利斯特也得出了这样的结论。他认为，"科学在不同的科学分支、历史时期、研究院和个体科学家中采取不同的形式。在所有这些多样性中，还没达到可以说明科学实践的统一模型"②。

---

① J D. 贝尔纳. 历史上的科学：序言 [M]. 伍况甫，等译. 北京：科学出版社，1981：VI.

② J W. Mcallister. Beauty & Revolution in Science [M]. New York：Cornell University Press，1996：1.

2. 科学的多维形相

既然科学"不是一个能用定义一劳永逸地固定下来的单一体",就"必须用广泛的阐明性的叙述来作为唯一的表达方法"①。科学在不同的历史发展阶段呈现出不同的样态,关于科学的阐明和叙述也异常丰富。人类在作用于自然的过程中产生了科学,最初的科学指涉博物学知识,是对世间万物的真理性判断。近代科学家培根开启了以观察和实验为基础的科学传统,被马克思誉为"整个现代实验科学的真正始祖"。从此,科学活动的意义得以彰显。随着科学革命的开展,科学的组织化和社会化程度越来越高。根据以上对科学发展过程的考察,可以从三重维度阐明科学的形相,即科学知识论、科学活动论及科学建制论。科学知识论是从知识体系或学科的视角来看科学,如康德、波塞尔、霍奇森、拉维茨等。波塞尔认为,"科学不仅为我们提供'工具知识',亦为我们提供'定位知识'。工具知识的意思是通过科学我们得到一定的工具,借以可以达到一定的目的;定位知识的意思是科学为我们提供了人与世界的秩序,借以我们有能力确定自己要达到的目的"②。科学活动论将科学作为一种社会活动或人类活动。辛格、李克特、杜兰德、莫尔、贝尔纳、巴伯等持有这种观点。"科学是一种研究描述的过程,是一种人类活动。这一活动又和其他种种活动相联系,并且不断地和它们相互作用。"巴伯则把科学"看作是一种社会活动,看作是发生在人类社会中的一系列行为"③。此外,还有学者主张把科学看成是一种社会建制。培根是最早描绘科学社会建制的先知。

然而,科学知识论、科学活动论与科学建制论不能截然分开,如若只从其中某一种观点出发都只能是管中窥豹,难见全貌。故而,有学者主张综合上述三个视角(知识体系、研究过程、社会建制)以观照科学。例如,贝尔纳详细地描述了科学的主要特征和方面,按照他的观点,科学可以有若干主要的形相:①一种建制;②一种方法;③一种积累的知识传统;④一种维持和发展

---

① J.D. 贝尔纳 . 历史上的科学:序言 [M]. 伍况甫,等译 . 北京:科学出版社,1981:6.
② 汉斯·波塞尔 . 科学:什么是科学 [M]. 李文潮,译 . 上海:上海三联书店,2002:243-244.
③ 伯纳德·巴伯 . 科学与社会秩序 [M]. 顾昕,译 . 北京:三联书店,1991:2.

生产的主要因素；⑤ 构成我们的诸信仰和对宇宙和人类的诸态度的最强大势力之一；⑥ 要讨论科学和社会的种种相互关系 ①。因而，可以将科学概括为三种形相：① 科学是种种知识单元通过它内在联系而建立起来的知识体系；② 科学不仅是知识体系，而且也应包括动态的知识生产过程；③科学是一种人类活动 ②。

归结以上对科学的多种叙述，不难看出科学主要存在着三维形相：① 科学是系统化、理论化的知识体系；② 科学是创造知识的社会活动；③ 科学是一种社会建制。这正是现代意义上科学的全部的内涵，而这一内涵也得到了学术界的公认。

二、科学活动

通过对科学多维形相的进一步分析，论证了科学活动在科学中具有极其重要的地位，科学理论的形成离不开科学活动，科学的社会建制也是随着科学活动规模及其发展的广度和深度而变化。关于科学活动，学界众说纷纭，因而在此须分析科学活动的内涵和样态。

1.科学活动的本质

科学的三维形相，即作为系统化、理论化的知识体系的科学，作为创造知识的社会活动的科学，作为社会建制的科学，并不是孤立存在的，它们彼此连接，密切相关。彼德·阿列克谢耶维奇·拉契科夫澄明了从三个视角综合出发研究科学的重要性，他说："科学是一种复杂的社会现象，这种社会现象至少具有三个显而易见的方面：'理论'方面（即'逻辑认识论'方面）、'建制'方面和'实践'方面。不专门区分科学存在的这些方面，就不可能深刻理解科学。但是，这种区分并不意味着科学中的这些方面各自是孤立存在的。相反，它们是相互作用的，以致在它们之间不可能划分泾渭分明的界限。"③

---

① J.D.贝尔纳.历史上的科学 [M].伍况甫，等译.北京：科学出版社，1981：6.
② 王育殊.科学伦理学 [M].南京：南京工学院出版社，1988：49–50.
③ 拉契科夫.科学学：问题·结构·基本原理 [M].韩秉成，陈益升，倪星源，译.北京：科技出版社，1984：41.

首先，科学知识的形成、发展及应用离不开科学活动。第一，作为理论化、系统化的科学知识是科学活动的结果和智慧的结晶。1974 年版的《苏联大百科全书》在有关科学的条目中写道："'科学'这个概念本身不仅包括获得新知识的活动，而且还包括这个活动的结果，即当时所得到的、综合构成世界的科学图景的科学知识的总和。'科学'这个术语被用来表示科学知识的各个领域。"①《中国大百科全书》也对科学知识作了这样的界定："在社会实践的基础上，由社会的特殊活动所获得的关于自然界、社会、思维及其他客观现实的规律及本质联系的动态的知识体系。"②故而，科学活动是科学知识产生的源泉，科学知识是科学活动的产物。第二，科学知识不是静态的，而是动态的，它随着科学认识活动的开展而不断充实、完善。李克特指出，"科学暂且被定义为一个过程，或一组相互关联的过程；通过这个或这组过程，我们获得了现代甚至是正在变化之中的关于自然世界（包括无生命的自然界、生命、人类和社会在内）的知识。通过这个过程获得的知识可以被称为'科学的'，而且在某个时期被认为是科学的知识，很可能在以后的日子里被认为是过时的"③。第三，科技知识的产生并不是认识活动和实践活动的最终目的。科技知识是人类进行下一步活动的基点，它为下一轮的认识活动和实践活动提供了充足的准备。总之，科学知识是在活动中形成的，也只有在活动中才富有生机和活力。

　　其次，作为社会建制的科学是科学活动发展的组织化的要求。就科学活动而言，在现代不仅是社会活动的重要组成部分，而且是社会分工的特殊部门，是一种社会实体。因而，科学成为一种社会建制，是一种社会组织形式④。而在刘大椿看来，科学活动组成一种社会体制，是整个社会活动的一部分。现代科学活动与生产活动有最密切的关系，前者是后者的准备及手段。知识并入生产过程、知识转化为直接生产力，这都是科学活动的重要方面。科学活动与其

① 阿列克谢耶夫 . 科学 [J]. 科学与哲学 .1982（6）.
② 中国大百科全书：第 7 卷 [M]. 北京：红旗出版社，1994：361.
③ 李克特 . 科学是一种文化过程 [M]. 顾昕，张小天，译 . 北京：三联书店，1989：3.
④ 陈爱华 . 现代科学伦理精神的生长 [M]. 南京：东南大学出版社，1995：101.

他社会体制，如军事、政治、文化诸活动，也彼此渗透，相互作用和影响[1]。拉特利尔认为，科学可以看作当代科学知识的综合，或者看作一种研究活动，或者看作获得知识的方法。当代科学最显著的特征是其社会组织的程度越来越高。研究活动和其他活动一样，已经成为一种职业。科学内容和方法同样是重要的。通过它的内容，科学提供关于实在的某种知识。通过它的方法，科学试图使这种知识能够有控制地增长，甚至能够不断地改进保证这种增长的手段。也许，科学活动最独特的方面正是这种取得进步从而导致特殊进化形式的能力[2]。

当然，也有学者指出科学是一种人类活动或社会活动。比如，贝尔纳论述道，"科学是一种研究描述的过程，是一种人类活动。这一活动又和人类其他种种活动相联系，并且不断地和它们相互作用"[3]。美国科学社会学家巴伯认为，科学不仅仅是一条条零散的确证的知识，也不仅仅是一系列得到这种知识的逻辑方法。如果需要对科学本身有一种系统的理解，就是"首先从根本上把科学看作一种社会活动，看作发生在人类社会中的一系列行为"[4]。

以上论述了科学活动在科学中的重要地位。科学知识的产生、发展及应用离不开科学活动，而作为社会建制的科学更是科学活动发展的内在要求。正如陈爱华所言，"现代意义上的科学既是系统化、理论化的知识体系，是创造知识的社会活动，又是一种社会建制，并且是这三者的统一体。在这个统一体中，创造知识的社会活动——科学活动具有核心的地位。因为作为系统化、理论化的知识体系的科学是主体科学活动的结果和智慧的结晶；作为一种社会建制的科学是科学活动发展的内在要求——组织化的要求"[5]。科学的三重维度（知

① 刘大椿.科学活动论 [M].北京：人民出版社，1985：4.
② 让·拉特利尔.科学和技术对文化的挑战 [M].吕乃基，王卓君，林啸雨，译.北京：商务印书馆，1997：10–11.
③ 贝尔纳.历史上的科学：序言 [M].伍况甫，等译.科学出版社，1981：684.
④ 伯纳德·巴伯.科学与社会秩序 [M].顾昕，译.上海：三联书店，1991：2.
⑤ 陈爱华.科学与人文的契合——科学伦理精神历史生成 [M].长春：吉林人民出版社，2003：3.

识体系、社会活动、社会建制）同属一体，不可分割。从本质上来说，科学是一种活动。

2. 科学活动的内涵和样态

联合国教科文组织于 1978 年在《关于科技统计国际标准化的建议案》中首次对科学活动作了明确的阐述："科技活动是指与所有科学技术领域即自然科学、工程和技术、医学、农业科学、社会科学及人文科学中科技知识的产生、发展、传播和应用密切相关的系统活动。它包括研究与试验发展（R&D）、教育与培训（STET）和科技服务（STS）等三类活动。"[①] 王德胜认为科学活动的概念有狭义和广义之分，狭义的科学活动是科学工作者进行的研究活动，而广义的科学活动还包括围绕科学活动所进行的其他活动，如科学知识的储存，科学知识的应用，以及科学政策的制定等[②]。《马克思主义哲学全书》中指出科学活动是"科学工作者通过科学实验、观测调查、演算论证及学术探讨等多种形式进行科学研究、科学创造和科学传播及交流的活动"，它"既是科学家和科学家集团在具体科学理论指导下，依靠特定的实验手段和方法所从事的探索活动，也是一定的科学组织为普及科学成果所进行的社会实践活动"，科学活动"是从生产实践活动中分离出来的，是人们为了认识某种现象有目的地设计或创造出来的特定的活动；这一活动后来被精致化为实验活动；实验活动发展到一定阶段又与生产活动相结合，此时科学活动采取了技术化的方式得到展开，生产活动以这种方式与科学活动结合在一起了"[③]。

反思上述关于科学活动的各种界定，虽略有不同，但也能从其间提炼出它们的共通之处。科学活动不是一种"单一"的人类活动，它包含双重向度，它既是一种科学认识活动，又是一种科学实践活动。"对科学活动的论述可以大致分为这么两部分：作为科学内部活动的科学认识论和科学发现论；作为科学

① 陈文化，刘枝桂 . 科学技术活动及其主要特征新探 [J]. 科学技术与辩证法，1997（4）：38-41.
② 王德胜，李建会 . 科学是什么——对科学的全方位的反思 [M]. 沈阳：辽宁教育出版社，1993：254.
③ 李淮春 . 马克思主义哲学全书 [M]. 北京：中国人民大学出版社，1996：328.

活动与其他社会活动相互作用的科学社会学论。"① 换句话说，科学活动就是科学探索活动、科学创新活动和造福人类的科学活动。

就科学活动是一种探索活动而言，是一种通过观察、实验、质疑、收集、整理、归纳、推理等方法和手段探索、发现、获取并确证各种规律、理论、知识以及真理的活动，是关于科学研究对象的基本理论的研究，属于基础研究活动。"这种研究的直接目的是为了充分获取知识，以求得对被研究对象的新的规律性的认识，如系统地观察、收集、分析某些资料，发现过去所未见过的现象和事实，提出或验证新的假说，创立或完善新的定理、定律、理论和学说。"②

就科学活动是一种创新活动而言，是"为特定的应用目的所进行的技术发展性研究"③。具体来说，科学创新活动就是真理的再创造或把基础研究成果应用于解决新技术、新产品、新工艺、新方法等问题而进行的科学研究，属于应用研究活动。科学探索和创新活动需要运用到生产实践中去，"不进行开发研究，科学技术成果就不能应用于社会生产和社会生活中去。科学技术从研究到推广应用的重要环节就是开发研究"④。开发研究突破了以往"为科学而科学"的藩篱，致力于"揭示科学的社会本质，分析科学同整个社会及同社会各个发展阶段或具体社会—经济结构的相互作用"⑤。从这个意义上来说，无论科学活动作为探索活动还是创新活动，都旨在"为社会，为人类"造福，是造福人类的科学实践活动。

实际上，科学活动致广大、尽精微，包罗万象，它是理论理性活动和实践理性活动，知识生产活动、技术生产活动和社会生产活动，基础研究活动、应用研究活动和开发研究活动，探索活动、创新活动和造福人类的活动的统一。

① 刘大椿. 科学活动论 [M]. 北京：人民出版社，1985：25
② 刘蔚华，陈远. 方法大辞典 [M]. 济南：山东人民出版社，1991：260.
③ 向洪. 当代科学学辞典 [M]. 成都：成都科技大学出版社，1987：163.
④ 向洪. 当代科学学辞典 [M]. 成都：成都科技大学出版社，1987：53.
⑤ 拉契科夫. 科学学：问题·结构·基本原理 [M]. 韩秉成，陈益升，倪星源，译. 北京：科技出版社，1984：73.

3. 科学活动的主体性

由上分析可知，探索、创新和造福人类的科学活动是人的一种实践活动，既是一种"人为"的活动，又是一种"为人"的活动，具有主体性的特质。

首先，就科学活动是一种"人为"的活动而言，从词源上看，"活动"的英译为 activity，德译为 aktivitate，都是从拉丁文 agere 演绎而来，它与人的生命运动相关。在汉语中，"活动"由"活"与"动"两个汉字构成。"活"代表着生命、活力；"动"代表着行为、行动。"活"是用来修饰"动"的，活动是指"为达到某种目的而采取的行动"[①]。由此可见，活动与生命同生共体，生命是活动产生的生理基础，有生命，才有活动。科学活动自然也是一种生命活动。然而，生命活动有人的活动与动物的活动之分，二者存在着显著的差别。动物的活动是一种本能反应，是对外界刺激所作出的生物学的适应，它是直接的、自然的、被动的。而人的活动以劳动、语言和思维为基础，是有意识、有目的的行为，是体现主观能动性和行为目的性的活动。活动使人的生命得以敞开和展现，是人之为人的基本，也是人类历史发展的前提。马克思认为，人类社会的历史"不过是追求自己目的的人的活动而已"[②]。可以说，离开活动，人之为人的根基就幻灭了。既然科学活动是探索、创新和造福人类的科学认识活动和实践活动，那么它实际上是有目的、有意识的人的生命活动。

其次，就科学活动是一种"为人"的活动而言，科学活动的对象存在于外部世界中，并与人的需要、本性和本质力量相适应，也就是说是对人具有现实意义的那一部分存在。从这个角度上来讲，科学活动的对象具有属人性。此外，科学活动的产品是人类按照自己的主观意愿在科学活动中创造出来以满足人的需要的物质产品或精神产品。从这个视角上看，科学活动的产品也具有属人性。

科学活动，作为"人为"的和"为人"的活动，是以人为出发点和目的的，因此，科学活动是一种主体性的活动。那么，何谓主体性？主体性就是使人成

---

① 现代汉语词典 [M]. 北京：商务印书馆，1991：509.
② 中共中央马克思恩格斯列宁斯大林著作编译局. 马克思恩格斯选集：第 2 卷 [M]. 北京：人民出版社，1995：118.

为主体的性质，是人在一切对象性关系中作为主体所具有的地位、作用和特性的概括。"这种性质，马克思在《1844年经济学—哲学手稿》中称为人的'本质力量'，在《资本论》中称为人的'种属能力'。并非任何人都能成为主体，只有具有这种性质、本质力量或种属能力的人才能成为主体，或用黑格尔的话说，'人是意识到这种主体性的主体'。这种性质一般包括自主性、自为性、目的性、创造性等，换言之，主体性就是所有以主体为根据的人的属性。"① 科学活动是人类有目的的、有意识的、自主的、创造性的活动，是人的"本质力量"和"种属能力"的再现。因此，科学活动是一种主体性的活动，参与科学活动的人是意识到这种主体性的科学活动主体。

三、科学活动主体

科学活动是一种主体性的活动。与其活动的样态相对应，科学活动主体包括作为科学探索活动的主体、作为科学创新活动的主体和作为造福人类的科学活动主体。随着科学活动的发展，科学活动主体的类型主要包括科学活动个体与科学活动共同体。

1. 科学活动个体

所谓科学活动个体，是指有生命的、有独立思考能力的、存在于一定社会中并从事科学活动的具体的现实的人。在科学发展史上，一般来说，科学活动个体须遵循自然的规律和依据相关的法则，根据自我的兴趣、偏好、意向或者当时的社会及人们的需要，进行相关的科学活动，如观察天文现象、记录天气变化、进行数学运算等。相应地，在科学活动中，科学活动个体与作为客体的自然结成了"自然—自我"的伦理关系。正如马克思所说，"人把自身当作现有的、有生命的类来对待，当作普遍的因而也是自由的存在物来对待"②。从理论领域说来，"植物、动物、石头、空气、光，等等，一方面作为自然科学

---

① 姚新中. 道德活动论 [M]. 北京：中国人民大学出版社，1990：59–60.
② 中共中央马克思恩格斯列宁斯大林著作编译局. 马克思恩格斯全集: 第42卷 [M]. 北京：人民出版社，1979：95.

的对象，一方面作为艺术的对象，都是人的意识的一部分，是人的精神的无机界，是人必须事先进行加工以便享用和消化的精神食粮；同样，从实践领域说来，这些东西也是人的生活和人的活动的一部分"①。与此同时，科学活动个体与其他科学活动个体或者他人结成了"自我—他人"的伦理关系。正如马克思所说："甚至当我从事科学之类的活动，即从事一种我只是在很少情况下才能同别人直接交往的活动的时候，我也是社会的，因为我是作为人活动的。不仅我的活动所需的材料，甚至思想家用来进行活动的语言本身，都是作为社会的产品给予我的，而且我本身的存在就是社会的活动；因此，我从自身所做出的东西，是我从自身为社会做出的，并且意识到我自己是社会的存在物。"②因为对于科学活动个体而言，他通过自己所从事的科学活动中体悟到，"只有在社会中，自然界对人说来才是人与人联系的纽带，才是他为别人的存在和别人为他的存在，才是人的现实的生活要素；只有在社会中，自然界才是人自己的人的存在的基础。只有在社会中，人的自然的存在对他说来才是他的人的存在，而自然界对他说来才成为人"③。近代以后，随着科学获得了长足的发展，科学活动个体之间的关系、科学活动个体与社会的关系日益紧密。这样。科学活动个体走向组织化，即科学活动共同体的出现，科学活动个体作为"社会关系总和"④的特征日益彰显。

2. 科学活动共同体

所谓科学活动共同体，是指由从事科学活动的不同的个体通过"趣缘"或者"业缘"等多种方式汇聚到一起而形成的集体。作为"组织化"了的集体，科学活动的共同体是"一种更高的或更普遍的自我"⑤，它以"整个的个体"

---

① 中共中央马克思恩格斯列宁斯大林著作编译局.马克思恩格斯全集：第42卷[M].北京：人民出版社，1979：95.

② 中共中央马克思恩格斯列宁斯大林著作编译局.马克思恩格斯全集：第42卷[M].北京：人民出版社，1979：122.

③ 中共中央马克思恩格斯列宁斯大林著作编译局.马克思恩格斯全集：第42卷[M].北京：人民出版社，1979：122.

④ 中共中央马克思恩格斯列宁斯大林著作编译局.马克思恩格斯全集：第3卷[M].北京：人民出版社，1960：5.

⑤ 斐迪南·滕尼斯.共同体与社会[M].林荣远，译.北京：商务印书馆，1999：255.

的形式，以集体为中心、从集体的整体利益出发，由其内部个体成员共同设定科学活动的目的、共同进行同一项科学活动，而其内部个体成员也受一定组织形式的约束、遵守一定的科学行为规范，进行一定的分工协作并结成一定的伦理关系。科学活动的共同体关注由不同个体组成的共同体的整体影响，不仅旨在成就个体，更在于成就集体。所以，当个体利益与集体利益发生冲突时，个体利益要服从集体利益。与此同时，科学活动共同体也需要为其行为的选择和行为负有一定的道德责任。

由上分析可知，科学活动主体按照科学活动的样态包括作为科学探索活动的主体，作为科学创新活动的主体，作为造福人类的科学活动的主体；按照科学活动的发展历程来看则包括科学活动的个体和科学活动的共同体。科学活动的个体须遵循自然的规律和依据相关的法则，根据自我的兴趣、偏好、意向或者当时的社会及人们的需要，进行相关的科学活动；而科学活动共同体作为科学活动"组织化"了的主体，它以"整个的个体"为中心，从集体的整体利益出发进行科学活动，并为其行为的选择和行为负一定的责任。

第二节　德性与科学活动主体的德性

德性的内涵虽在历史中不断演进，但它有其存在的价值和意义。德性与人的存在同一，是人安生立命的根本，是求真、臻善和达美以获得幸福的力量。德性成于活动，科学活动主体的德性是在科学活动中生成的，从主体的科学活动层面看，包括作为科学探索活动主体的德性、作为科学创新活动主体的德性和作为造福人类的科学活动主体的德性；从科学活动的主体层面看，包括科学活动个体的德性和科学活动共同体的德性。

一、德性的内涵

德性的内涵在各个不同的历史时期被赋予不同的规定。德性具有安生立命的价值，它是求真、臻善、达美以实现人类的幸福的力量。

1. 德性内涵的历史演进

德性在中西方历史中不断更迭和演进，其内涵在各个不同的历史时期具有各自不同的规定。

在中国文化中，德性一直占据着极其重要的地位。先秦是德性思想孕育与展开的关键时期。沿袭西周"以德配天"的思想，孔子首倡了仁爱、忠恕、修己的德性思想，孟子提出了"仁、义、礼、智"四大道德原则，荀子力倡礼之精神。两汉时期凭借两部传世经典之作《大学》《中庸》，儒家德性思想的独尊与正统地位被确立下来。《大学》集中概括了先秦儒家的德性思想，并将其提升形成了所谓的"大学之道"；《中庸》提供了"天人合一"的最高德性生长境界。此后，虽然魏晋道心、隋唐佛性从不同程度上冲击了儒家德性思想的中心和主流地位，但是它们也为其提供了新的生长点。及至宋明理学，德性思想实现了辩证综合。朱熹主张通过居敬、穷理、省察的修养功夫提升人的德性，以此建立一个和谐美好的社会秩序。"敬字工夫，乃圣门第一义，彻头彻尾，不可顷刻间断"而"持敬在主一"（《朱子语录》卷十二）。"居敬"与"穷理"相辅相成。"学者工夫，唯在居敬穷理二事"（《梅庵文集》卷九）。在此基础上，反省自身，"人之一心，天理存则人欲亡，人欲胜则天理灭，未有天理人欲夹杂者，学者须要于此体认省察之"（《朱子语录》卷十三）。如是观之，儒家德性思想在中国历史上绵延了几千年，它指代人之为人的品格，强调自我修养的重要性。万俊人归纳说："'成人'不在于获取世事功名利禄，也不在于以事功之善来证实自己的社会身份或角色，而在于养成自身的道德品格，在于从人伦关系的道义承担中确证自己的人格。因此，在儒家的德性伦理中，德性品质的完善要求优先于道德行为的功利目标，对人伦道义的担代优先于自我一己的目的实现。或者说，自我道德目的实现原本只能最终体现在个人的道德品质修养和道义承担方面。"[①] 可见，中国社会历来是以德性为中心与

---

① 万俊人. 现代性的伦理话语 [M]. 黑龙江：黑龙江人民出版社，2002：235.

主流的社会，中国人以德性论为其价值取向。在中国伦理思想中占居主导地位的儒学是地地道道的"德性伦理学"，而不是"德性伦理学在中国"。

西方社会，德性的内涵也在各个不同的历史时期呈现出细微的甚或是完全不同的变化。在荷马史诗所描述的英雄时代，德性是一种能够完满履行他被明确规定了的社会角色所要求的义务的品质。在古希腊，德性已不再从属于社会角色的概念，它更多地指向人本身。苏格拉底之死用现身说法诠释了"只有成为真正的人，才能成为真正的公民"。在亚里士多德看来，德性是一种品质，它是既使得一个人好又使得他出色地完成它的活动的品质。中世纪宗教哲学中的德性，较之于英雄时代和古希腊时期的德性亦发生了重大的变化，德性指涉一种超自然的品质。后来，富兰克林发展了德性的概念，他将德性扩展为一种在获得尘世和天堂的成功方面功用性的品质。麦金太尔力图复兴亚里士多德的德性传统，他将德性定义为"一种获得性品质，这种德性的拥有和践行，使我们能够获得实践的内在利益，缺乏这种德性，就无从获得这些利益"[1]。

实际上，历史上的德性往往与道德、美德相涉。那么，德性与道德、美德能否相互置换？首先，就德性与道德而言，德性是一种内在的品质或品性，它事关人之善恶，是"从善恶的角度来说明人之本质的范畴"[2]。而道德是由"道"和"德"组合而成的，"它的涵义是有词源上带来的双重性，它既指人们在社会生活中应该如何对待人际利益关系及自我人生的伦理行为规范，同时也指人们处理人际利益关系及自我人生的行为修养状态。也可以说，前者是社会公众或社会集团对所属成员所要求的外在规范，后者则是在一定条件下人们将外在规范转化为自我的内在规范状况"[3]。鉴于此，德性与道德既相区别又相联系：

---

① 阿拉斯代尔·麦金太尔.德性之后 [M].龚群，等译.北京：中国社会科学出版社，1995：241.

② 王国银.德性伦理研究 [M].长春：吉林人民出版社，2006：5.

③ 王国银.德性伦理研究 [M].长春：吉林人民出版社，2006：5.

一方面，它们各有侧重。德性更关注内在于人的品性，而道德则更偏重于外在于人的规范；另一方面，它们又是互通的。作为一种自我的内在规范状况的道德与作为一种内在品质的德性本身就是相互等同的，具有德性的人能更好地遵循道德规范，而遵循道德规范的人大多是有德之人。其次，就德性与美德而言，它们既相近，又有所不同，"德性是个中性概念、种概念；美德是个属概念，它的外延比德性小，内涵比德性丰富。与德性相对应的是非德性，与美德相对应的是恶德。美德高于德性。美德所体现出来的品质，必须是在德性的基础之上，没有德性做基础，不可能具有美德。美德的美丽既能让人产生满意的情绪体验，也能获得内心的喜悦，还会感染他人。恶德则是具有负道德价值的品德，是长期违背道德所形成的品德"①。既然如此，美德与德性既相区别，又相等同，还高于德性。基于德性、道德、美德的相互通约性，本书从最广泛的意义上将这三个概念相互置换。

历史上关于德性的划分或者德性目的划分不尽相同。比如，柏拉图的"四主德"是着眼于人灵魂的和谐和社会的和谐论证的；亚里士多德将德性分为理智的和道德的，认为道德德性得到的幸福并不是最大的幸福，最大的幸福只有从纯粹思想的德性中获得，其目的所指向的是幸福；奥古斯丁和托马斯·阿奎那将德性划分为自然的和神学的，也是出于鼓励人们追求更高更幸福的目的②。亚里士多德按照种和属差定义德性，将人的德性分为两类，即理智德性与道德德性。理智德性是灵魂中有逻各斯的部分，分为沉思的理智和实践的理智，并通过教导生成；道德德性是灵魂无逻各斯但分有逻各斯的部分，它通过习惯养成（如图 1-1 所示）。而理智德性与道德德性都是指向幸福的。

德性在历史中存在了两千多年，这正说明了德性对于人而言具有其存在的意义和价值。

---

① 王国银.德性伦理研究 [M].长春：吉林人民出版社，2006：8.
② 江畅.德性论 [M].北京：人民出版社，2011：76.

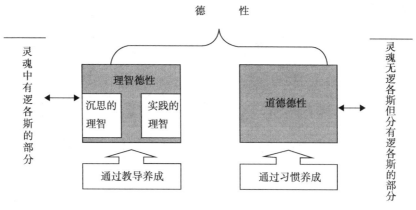

图 1-1　亚里士多德的德性

2. 德性的价值

恩格斯认为，生命是宇宙进化的最美丽的花朵，而人是生命现象的最高形态。"人是什么"是人类自身不可回避的问题。但是纵观历史可以看到：试图解答这一问题的哲学家们均以失败告终。西方哲学的奠基者苏格拉底曾经提着灯笼满大街找人，无奈之下他发出了"认识你自己"的呼声。而中国的先哲们也试图从多重视角探讨"何为人"，但答案精彩纷呈、莫衷一是。这样，关于"人是什么"的论争已持续了几千年，但仍然是一个悬而未决的议题，这主要归因于人的丰富性、多样性、复杂性和矛盾性的存在状况。

人之为人首先在于人与动物之分。人既来源于动物界，又脱离动物界。所以，人既"近于禽兽"，又"异于禽兽"，继而，人被冠之以好人或坏人、善良的人或邪恶的人。然而，既然人来源于动物界，那么人就无法完全摆脱其兽性。康德对人的这种存在状态作出了精辟的陈述。他说："人永远分割成两个部分：人的'理性'和人的'畜生的欲望'。这就像一幅古老的图画：人总是处在一半是猿一半是天使的半路之中。"① 作为矛盾统一体存在的人，既有人性，又有兽性，既有高贵之处，又有卑微之处。黑格尔在《精神现象学》中深刻地揭示了人的这一矛盾性本质。他说："人既是高贵的东西同时又是完全低

---

① 高国希.道德哲学 [M].上海：复旦大学出版社，2005：1.

微的东西。它包含着无限的东西和完全有限的东西的统一、一定界限和完全无界限的统一。人的高贵处就在于能保持这种矛盾，而这种矛盾是任何自然东西在自身中所没有的也不是它所能忍受的。"[①]从这种意义上来说，人是最复杂的、丰富性的存在。同时，人之存在是活生生的、具体的、历史的、现实的存在。在人身上，特殊性与一般性、差异性与共性兼而有之。片面地强调一方，或者抹杀了人的本质，或者牺牲了人的多样性。无论何者，都是对人的存在的一种致命的威胁。再者，人的存在既以类的向度又以个体的形式展开。早在先秦，孔子就对此作出了论述。他指出，"鸟兽不可与同群，吾非斯人之徒与而谁与？"（《论语·微子》）与鸟兽相异，人可以择群而居，人与他人始终处于一种共在的关系之中。单子式（或曰原子式）的自我是不存在的。为此，就不得不追问"我们能否共同生活？"

德性是人之为人的标志。一是要"成为一个人"就是要摆脱"非人"的因素，也就是说要去除主观任意性、特意性、冲动和情欲的束缚，使人从其自然本能中或从其兽性中解放出来。而德性滋养人自身，使人有别于动物，使人有所得，并"成为一个人"的标志。二是德性扬弃了人与人之间的对立关系。人，作为生命的存在，在本质上是一种关系的存在，孤立的原子式的自我是不可能存在的。在这一关系网络中，人与他人之间不是一种"相对"的关系。人不能以他人为地狱，人与他人的存在之间是一种"相与"的关系。而德性探讨的既是成己又是成人的问题。西汉·戴圣《礼记·中庸》："诚者，非自成己而已也，所以成物也。成己，仁也；成物，知也。性之德也，合内外之道也。"德性既能成己，也能成人，它是成己的内心信念，也是成人的行为品格。通过成人、成己的德性，实现自我的内在整合和人与人之间的共生共存。可见，德性与人的存在紧密相连，德性是人的存在方式。三是德性是人的存在的保证。对此，中西方学者均做出了有力的论证。在中国，儒家经典《易传》象曰"不恒其德，无所容也"，就已指出了德性在人的存在中的重要地位，而"君子以成

---

① 黑格尔.法哲学原理[M].范扬，张企泰，译.北京：商务印书馆，2009：46.

德为行"（干卦）更是将成就德性并以德性而行事作为人生的价值所在。古希腊时期，德性在城邦中的作用就已凸显出来，它关乎城邦中的公民能不能做一个好人或好公民及优秀的人。之后，亚里士多德强调德性与幸福的一致性。在麦金太尔看来，没有德性就无法保证人的存在和利益。

德性指向人的存在，是人的存在方式，它在人的存在中展开，而且对人来说是有价值的存在，因为它解决人之为人和人之存在中的各种困惑，为人的存在提供某种担保①，是人类安生立命之本。

3. 德性的力量

两千多年来，德性之于人，已成为人性中不可或缺的要素。在斯宾诺莎看来，德性与力量是同一的东西，换言之，就人的德性而言，就是指人的本质或本性，或人所具有的可以产生一些只有根据他的本性的法则才可理解的行为的力量②。与他相近，康德认为德性（tugend）来自 taugen（有能力）。因此，德性就是力量，就是坚强。卢梭认为德性是灵魂的力量。那么，德性之力量何在？

首先，德性以"求真"为旨趣。灵魂的理智德性是灵魂中有逻各斯的部分，即理智的部分，它"一个部分思考始因不变的事物，另一个部分思考可变的事物……一个可以称为知识的部分，另一个可以称为推理的部分"。故而，理智德性又包括沉思的理智和实践的理智，它们是获得"真"的活动③，"沉思的理智把握的是事物的本然的真，因它不是欲求的，没有目的。实践的理智把握的是相对于目的或经过考虑的欲求的真。它仍然是真，按照亚里士多德的方法，是在本然的真的类比的意义上的真"④。

其次，德性具有向善力。且不说理智德性对真的把握是为着善的，仅就灵魂的道德德性而言，它最先表现为一种向善的品质。麦金太尔认为德性分为三个阶段：第一，把德性看作获得实践的内在利益的必需的品质；第二，把德性

---

① 杨国荣.伦理与存在——道德哲学研究 [M].上海：华东师范大学出版社，2009：25–26.
② 斯宾诺莎.伦理学 [M].贺麟，等译.北京：商务印书馆，1983：171.
③ 亚里士多德.尼各马可伦理学 [M].廖申白，译注.北京：商务印书馆，2008：167–168.
④ 亚里士多德.尼各马可伦理学 [M].廖申白，译注.北京：商务印书馆，2008：167.

看作有意于一整体生活的善的品质；第三，把德性与对人而言的善的追求相联系，这个善的概念只有在一种继续存在的社会传统的范围内才可得到阐释和才能拥有①。灵魂中的道德德性还表现为一种使人获得善的品格。扎格泽被斯基敏锐地捕捉到了这一点，他说："德性之所以为善，并不仅仅是因为它本身具有'善'的性质，而是因为它使拥有德性的人获得善的品格。"②

除此之外，德性还以美为始源、动力及归宿。康德直言："美是道德的象征。"③理智德性以求真为旨趣，真理是美的。当代德国天体物理学家C.F.冯·魏扎克认为，美是真理的一种形式，美的鉴赏是对实在的一种鉴别，即对实在的一种特殊的知觉能力，把美指明为真理的一种形式正是要将非理性与理性的东西、主观与客观的东西混为一谈。这样，"非理性的东西有一种理性存在，更确切地说，感情有一种理智存在，在感情之中主观的东西正是由于它的主观性而表现出是客观的，表现出是知识"④。对真的诉求体现了主体的理智美。美是一种善，善基础上的美体现了主体的道德美。"美是一种善，其所以引起（美的）快感，正因为它善。"（亚里士多德语）美与善是统一的。"最高级的美存在于人类社会中，存在于许多个别的人为了用共同力量以达到道德目的——'善'——而结合起来的团体中，所以，就其内容来说，美是与善同一的。"（车尔尼雪夫斯基语）此外，美与真和善融通。马斯洛指出，"美必须是真的、善的、内容丰富的"。把握善以真为基础，真是为着善的，美行进于真与善之中，并且是真与善所希求的最高目标。

"求真"的人是幸福的，因为那是有智慧的人过得沉思和推理的生活；"臻善"的人是幸福的，因为幸福是最高的善；"达美"的人是幸福的，因为美与真和善是融通的，真是美，善也是美。故而，德性就是人类"为了幸福、为了

① 阿拉斯代尔·麦金太尔.德性之后[M].龚群，等译.北京：中国社会科学出版社，1995：343.

② L T Zagzebski: Virtues of the Mind: An Inquiry into the Nature of Virtue and the Ethical Foundation of Knowledge[M]. Cambridge: Cambridge University Press, 1996: 90–91.

③ 伊曼努尔·康德.判断力批判[M].韦卓民，译.北京：商务印书馆，1996：201.

④ 李醒民.由美走向真和善[J].学习与实践，2006（9）：114–120.

欣欣向荣、生活美好所需要的特性品质"①。

真善美是德性力量的显现，因为德性是使一事物好并使其活动完成的好的品质。正如王国银在其著作《德性伦理研究中》所指出的那样，德性"是人之为人的内在规定，是实现人与自然、人与社会、人与自己相和谐的内在动力。德性伦理就是指以个体或共同体品质为核心，以社会关系中的人为本位，以实现人的幸福生活为目的，以和谐为最高范畴的伦理道德体系。它从人的生活实践的内在性、整体性、超越性出发，真正实现了人对自我的伦理关怀"②。巴尔塔莎·葛拉西安也认为，"美德是至善的链条，是一切快乐和幸福的中心。它能使人谨慎、明辨、机敏、通达、明智、勇敢、慎重、诚实、可敬、真实……使你成为一个功德圆满的人"。他还强调，"美德是如此让人喜欢，既赢得了上帝的恩爱，又获得了人类的善意。没有什么比美德更可爱，比邪恶更可恨的了。只有美德是真实的，其余的东西都是虚伪的。个人的才华和伟大依存于美德，而非取决于财势。只有美德是自满自足的。它使我们爱惜生者，记住逝者"③。因而，德性是实现真善美以达到幸福的力量。

二、德性与科学活动

德性离不开活动。正如亚里士多德所指出的那样："一事物的德性是相对于它的活动而言的。"④那么，科学活动主体的德性也就与科学活动相对应，是科学活动主体在科学活动中获得的品质。

不仅如此，德性可以在科学活动中生成，也可以在科学活动中毁灭，因为"德性成于活动，要是做得相反，也毁于活动"⑤，而"德性因何原因和手段而养成，也因何原因和手段而毁灭。这也正如技艺的情形一样。好竖琴师与坏竖琴师都出于操琴。建筑师及其他技匠的情形也是如此。优秀的建筑师出于

①　Rosalind Hursthouse. On Virtue Ethics[M]. Oxford：Oxford University Press，1999：29.

②　王国银. 德性伦理研究 [M]. 长春：吉林人民出版社，2006：29.

③　巴尔塔莎·葛拉西安. 智慧书 [M]. 辜正坤，译. 哈尔滨：哈尔滨出版社，1998：300.

④　亚里士多德. 尼各马可伦理学 [M]. 廖申白，译注. 北京：商务印书馆，2008：167.

⑤　亚里士多德. 尼各马可伦理学 [M]. 廖申白，译注. 北京：商务印书馆，2008：41.

好的建造活动，蹩脚的建筑师则出于坏的建造活动。若非如此，就不需要有人教授这些技艺了，每个人也就天生是一个好或坏的技匠了"[①]。由此可见，实现活动是导致主体德性生成、完善、甚或毁灭的根源。实际上，主体的德性品质与其实现活动成正相关的关系。"一个人的实现活动怎样，他的品质也就怎样"，所以，"我们应当重视实现活动的性质，因为我们是怎样的就取决于我们的实现活动的性质"[②]。有些人能够出色地完成各项任务，而有些人只能部分地或者较少地实现。也就是说，如果一个人的实现活动完成得好，那么他的品质就是好的。相反地，如果一个人不能圆满地完成其实现活动，那么他的品质就存在着缺陷。

如此，那么德性与活动孰先孰后？也就是说，是先有德性，还是先有活动？亚里士多德认为，德性与感觉不同，德性与感觉的不同之处在于，"我们先运用它们而后才获得它们。这就像技艺的情形一样。对于要学习才能会做的事情，我们是通过做那些学会后所应当做的事来学的。比如，我们通过造房子而成为建筑师，通过弹奏竖琴而成为竖琴手"[③]。显然，在亚里士多德看来，活动先于德性，是德性产生的前提和基础。继亚里士多德之后，西方许多著名学者也曾就德性与活动的关系进行了论述。以麦金太尔为例，麦金太尔用实践概念代替了活动，并且在实践论的意义上界定德性。所谓实践是指："通过任何一种连贯的、复杂的、有着社会稳定性的人类协作活动方式，在力图达到那些卓越的标准——这些标准既适合于某种特定的活动方式，也对这种活动方式具有部分决定性——的过程中，这种活动方式的内在利益就可获得，其结果是，与这种活动和追求不可分离的，为实现卓越的人的力量，以及人的目的和利益观念都系统地扩展了。"[④]在此，麦金太尔把实践与德性看作是内在的、不可分割的，德性是实践本身的成果，实践是包含德性的实践，没有德性，实践难以维持。

---

① 亚里士多德.尼各马可伦理学 [M].廖申白，译注.北京：商务印书馆，2008：36.
② 亚里士多德.尼各马可伦理学 [M].廖申白，译注.北京：商务印书馆，2008：37.
③ 亚里士多德.尼各马可伦理学 [M].廖申白，译注.北京：商务印书馆，2008：167，36.
④ 阿拉斯代尔·麦金太尔.德性之后 [M].龚群，等译.北京：中国社会科学出版社，1995：237.

龚群在《德性之后》的译者前言中概括了麦金太尔关于德性与实践关系的论述。他说："麦金太尔把德性与实践的关系看成内在不可分割的关系。在他看来，没有德性，实践就不可能维持下去，有着内在利益的任何实践和实践的卓越标准都必须把德性作为必要成分而包括进去。没有德性的活动不是麦金太尔的这种实践意义上的活动，以麦金太尔所举例的话来说，只是获得外在利益的'诡计'而已。在这个意义上，善与实践是内在统一的。"①中国德性传统似乎与西方德性传统相左，它貌似只关注德性，并将其作为人生的最终目标。但是实际上，自孔子以来的学者并未忽视德性与实践活动的关系。早在《周易·上经·乾》中就已发出了"君子以成德为行"的呼声。此后，中国学术界也一直关注德性与实现活动的关系，如"学而时习之，不亦说乎？""敏于行""见义不为，无勇也"等说法。

综上所述，德性与活动之间的内在关联性在中西方历史中已得到了充分的确证。德性的生成离不开活动：德性既成于活动，也毁于活动。可见，活动是德性生成的前提条件，德性是活动本身的成果，是对出色的实现活动的反映。活动不单单指代德性活动，因为德性活动并不独立成行，它需要贯穿于其他有意义的人类社会活动（包括科学活动）中。所以，当且仅当科学活动主体能够出色地完成科学活动时，其才具有德性。故而，科学活动主体的德性是在科学活动中生成的。

三、科学活动主体的德性

科学活动主体德性的内涵包括两个层面：一是主体的科学活动层面的德性；二是科学活动的主体层面的德性。就主体的科学活动层面的德性而言，由于科学活动包括科学活动主体的探索、创新和造福人类等科学活动，因而科学活动主体的德性包括以下三重样态，即作为科学探索活动主体的德性、作为科学创新活动主体的德性及作为造福人类的科学活动主体的德性。

---

① 阿拉斯代尔·麦金太尔.德性之后[M].龚群，等译.北京：中国社会科学出版社，1995：19.

作为科学探索活动主体的德性主要表现为：它要求科学探索活动主体不能受其自身利益左右，不能"化真为伪""以伪乱真"；其探索过程是"求"真的活动，它需要主体具有探求"真理"的勇气，不仅明确"能做什么"，而且更能选择"应当做什么"；其探索成果须符合客观事物之所"是"，进而形成科学探索活动主体尊重事实、勇于探索、坚持真理的德性。

　　作为科学创新活动主体的德性主要表现为：它要求科学创新活动主体"革故鼎新"，这不仅要处理好继承与创新的关系，而且要处理好革故过程中的"义"（道德）"利"（利益）冲突和"鼎新"即科学成果的"优先权"之争，进而形成科学创新活动主体革故鼎新和尊重优先权的德性精神。

　　作为造福人类的科学活动主体的德性主要表现为：它不仅包括关注当代人的福利，还应当包括关注后代人的福利，并以实现人的幸福为总体目标；进而须超越科学活动的德福悖论，在促进人的全面发展的同时，推进"自然—社会"可持续发展。

　　就科学活动的主体层面的德性而言，由于科学活动的主体包括科学活动的个体和科学活动的共同体，因而，科学活动主体的德性包含两重样态，即科学活动个体的德性与科学活动共同体的德性。其中，科学活动个体的德性是科学活动个体德性在科学探索、创新和造福人类等科学活动中的德性体现；而科学活动共同体的德性则是科学活动共同体中的个体成员普遍承认的并且在科学探索、创新和造福人类等科学活动中共同遵守的德性。

　　综上所述，科学活动主体的德性内涵，在其科学活动层面包括三重样态，即作为科学探索活动主体的德性、作为科学创新活动主体的德性和作为造福人类的科学活动主体的德性；在其科学活动主体层面包括两重样态，即科学活动个体的德性与科学活动共同体的德性。可见，科学活动主体的德性不是一成不变的，它随着科学活动及其主体的历史演进而嬗变。这就需要进一步梳理科学活动、科学活动主体及科学活动主体德性发展的历史。

第二章　科学活动及其主体德性的 历史溯源

研究科学活动主体的德性不仅要辨析与之相关的概念，还须从科学发展史的视角追溯科学活动的历史发展；从科学活动发展及其主体德性发展的相互关系中，探索科学活动主体德性的历史生成和演进。

第一节　科学活动及其主体的历史演进

纵观科学发展史，科学活动及其主体的生成与人类的生产活动及其发展密切相关。正如马克思所指出的那样，"这是一些现实的个人，是他们的活动和他们的物质生活条件，包括他们得到的现成的和由他们自己的活动所创造出来的物质生活条件"[①]。科学活动因创造人类生活的物质条件而产生和发展。

一、科学活动的历史演进

从科学活动的历史演进来看，它经历了由零散到集约，由科学、技术、生产分立到一体化，由民间到国家，由单一学科到综合性科学汇聚形态的发展过程。

1.科学活动由零散到集约

历史上的科学活动源于人类的生产活动，特别是与技术活动密切相关。马克思指出，"人们用以生产自己必需的生活资料的方式，首先取决于他们得到的现成的和需要再生产的生活资料本身的特性"[②]。就技术（活动）而言，其

---

① 中共中央马克思恩格斯列宁斯大林著作编译局.马克思恩格斯全集：第3卷[M].北京：人民出版社，1960：23.

② 中共中央马克思恩格斯列宁斯大林著作编译局.马克思恩格斯全集：第3卷[M].北京：人民出版社，1960：24.

在很长一段时间仅是实用技术（活动），它的任务在于改造世界，侧重于回答"做什么""怎么做"的问题，是人类在长期的生产和生活实践中依靠累积的经验掌握如何制造工具、如何生存的经验知识或专门知识。远古时期，地域广阔、人烟稀薄，个别人能使用石制、木制或骨制的工具分散地进行采集、捕鱼、狩猎、营造居所等活动，能钻木取火并保留火种。进入农业社会之后，一批人逐渐掌握了一系列的耕种技术，如犁地、播种、灌溉、收割、打谷、储藏、烘培等技术，并组织发展了家庭手工业，如养殖、制陶、铸造、织布、纺织等技术。与此同时，也出现了一些零散的、非严格意义上的科学活动并取得了一定的成果，比如古希腊亚里士多德的地心说的宇宙模型、物质结构的基本思想、经验主义科学探究程序及公理化体系；古希腊晚期托勒密的地心说、欧几里得和托勒密的几何光学、阿基米德的力学、盖伦的生理医学等；又比如中国古代思想家在天文和历法方面的成就，还有在医学和药物学领域的贡献等。然而，这种活动及其成果一是没有严格的科学实验验证；二是未形成一定的科学理论体系。因而，仅是一种朴素的、零散的非严格意义上的科学活动。

直到近代，随着资本主义的发展，人类进一步改进工具并使其在水利、冶金、采矿、建造等领域得到扩展。此时，人类开始意识到隐匿在技术活动背后的规律和原理，并试图将技术与其背后的规律和原理紧密地结合起来。于是，一门门自然科学从自然哲学和神学的束缚中独立出来，与此同时，科学活动也从原始的生产活动或技术活动中独立出来，并形成了相对独立意义上的科学活动，如伽利略关于"相对性原理"和"惯性定律"的探索、牛顿关于力学三定律及万有引力的研究。如果说近代科学始于科学活动个体对于自然奥秘的惊异进而引发其探索奥秘的个人兴趣，那么随着现代科学的迅猛发展，科学活动已经成为跨学科、跨行业，甚至是跨国的、多学科交叉的；有计划、有规划、有组织地将科学活动个体统摄于一定科学活动共同体之中的集约化的集体行动，如我国的"两弹一星"研究、美国的"曼哈顿计划"等。

2. 由科学、技术、生产的分立到一体化

传统意义上的科学与技术是分立的。在人们看来，科学是理论性的知识体系，而技术则是实践性的活动；科学自由度大，收效慢，劳动个体性较强，而技术计划性强，收效快，劳动群体性较强；科学没有特别具体的社会目的，它追求真理，而技术有具体的社会目的，追求具体的经济效益。然而，史实证明科学与技术的分立不利于科技、经济、社会及人类的发展，科学与技术的一体化才能顺应历史发展的趋势。

科学、技术或者说科学、技术、生产的第一次紧密结合始于第一次工业革命。圈地运动和棉纺织业的发展迫切要求改进技术，而手工工场中富有经验的能工巧匠及之前自然科学的发展恰巧为技术的改进提供了条件。机械师凯伊发明了飞梭、木匠海斯发明了水利纺纱机、织工哈格里夫斯发明了珍妮纺纱机、"近代工厂之父"阿克莱特发明了水纺纱机、织工克伦普顿发明了骡机、钟表匠和大学仪器修理工瓦特发明了蒸汽机、宝石工人冒尔顿发明了轮船、工厂主达比父子发明了焦炭炼钢法等。这些发明创造虽然大多依赖于能工巧匠的实践经验，但是同时也离不开自然科学，它既以已有的自然科学知识为基础，又为自然科学的发展做出了贡献。因此，科学、技术、生产在第一次工业革命中呈现出了生产→技术→科学的发展模式。第二次工业革命将科学、技术、生产更为紧密的结合起来，与第一次工业革命相比，它呈现出不同的特征。在第二次工业革命中，科学理论的研究和应用带动了技术及生产的发展。以电力的发明和应用为例。丹麦科学家奥斯特和英国科学家法拉第分别发现了电流的磁效应和电磁感应现象。在此基础上，德国工程师维也纳·西门子于 1866 年制成了自激式的直流发电机。经改进，发电机在 19 世纪 70 年代投入运行。1882 年，法国电工学家和物理学家德普勒发现了远距离送电的方法，并促使美国发明家和物理学家爱迪生建立了第一个火力发电站。可见，在第二次工业革命中，科学、技术、生产呈现出了科学→技术→生产的发展模式。科学、技术、生产之间结合的程度越来越高，科学技术应用到生产的时间大大缩减。特别是进入 20 世纪，随着高技术时代的到来，科学、技术、生产一体化的趋势越来越明显，出现了科学技术化、技术科学化、科学技术生产化的局面。科学发现用以指导技术发明，技术发明应用到生产实践，而生产实践则要求创新科学、改进技术。

3. 走向汇聚样态的科学活动

走向汇聚样态的科学活动改变了以往科学活动的运作模式，使其从零散走向集约，由科学、技术、生产分立到一体化。主要表现在：其一，科学、技术、生产之间关联的程度越来越密切，它们之间综合化、整合化、社会化趋势日益明显，转化的速度也越来越快，科学活动由单一学科向综合性科学汇聚。科学是指对"自然现象及规律的纯学术研究"或"在一定应用背景下所进行的理论探讨"[①]。技术是"联系科学和生产的桥梁；一方面起转化作用，将基础研究的知识成果转化为技术能力；另一方面起反馈作用，将技术、生产的信息反馈给科学促进科学向前发展"[②]。未获得的知识或未被应用的知识没有任何效用。因此，经由科学活动获得的知识必须应用于实践活动中，"不进行开发研究，科学技术成果就不能应用于社会生产和社会生活中去。科学技术从研究到推广应用的重要环节就是开发研究"[③]。科学理论转化为技术产品，技术产品应用于生产实践，生产实践反馈科学技术的不足，从而进一步促进科学技术的创新发展。此外，科学—技术—生产相互转化的周期越来越短，科学技术物化为生产力的时间越来越短，而生产实践更是把科学技术推向前进。其二，科学在人作用于自然的活动中萌发和生长，所以科学最初以自然为对象。随着科学的发展，社会、人及包括其自身在内的一切存在之物都可以拓展为科学活动的空间。由此，科学活动的对象也不限定于某个区域或范围之内，而是扩展到全球，甚至整个宇宙。故而，科学活动所需的各种资源和能源也从全球向科技领先的区域聚拢。其三，科学活动的建制化程度越来越高，科学活动由出于个人兴趣和爱好的民间活动到有组织、有计划的国家行为，从松散的无组织的活动（民间）

① 刘蔚华，陈远.方法大辞典 [M].济南：山东人民出版社，1991：260.
② 向洪.当代科学学辞典 [M].成都：成都科技大学出版社，1987：163.
③ 向洪.当代科学学辞典 [M].成都：成都科技大学出版社，1987：53.

到纳入国家科研管理体系（国家）的活动，由单个的科学活动个体发展到小型的科学共同体再到跨学科、跨行业、跨国的大型科学共同体。

二、科学活动主体从个体到共同体

科学活动主体的概念随着科学活动的发展不断演进，因而其在历史中呈现出不同的样态。早期的科学活动在人们的生产活动、日常生活中萌发，仅出于个人的业余爱好，以个人研究的形式展开。个人不是抽象的个人，而是一个特殊的个体，并且正是他的特殊性使他成为一个个体，成为现实的、个体化的科学活动主体。科学活动个体是科学活动主体最初的、最基本的形态。正如马克思所言，"任何人类历史的第一个前提无疑是有生命的个人的存在"[①]。后来，随着生产力的发展，特别是近代工业的发展，科学异军突起，自然科学独立出来，科学活动成为社会活动的独立形式，并且其规模与从业人数日益增长。实际上，当代科学活动已经渗透到方方面面，随着信息化、网络化时代的到来，科学活动业已成为社会活动的主要形式与内容，其涉及面之广，正负效应影响之深，是任何时代都无与伦比的。与之同步，科学活动的社会化、组织化、体制化和职业化倾向也越来越明显，逐渐出现了由众多个人联合起来的科学活动组织。起先仅仅是业余科学活动个体的初步组合，之后出现了专业化的科学活动组织（实验室、研究所等），比如 1645 年英国的"无形学院"及在此基础上成立的皇家学会，1824 年和 1873 年在德国分别建立的实验室和"国立物理研究所"，1876 年爱迪生建立的门罗顿实验室等。20 世纪以来，特别是第二次世界大战以后，随着全球化趋势的加剧及高技术时代的到来，科学活动由原初的对自然科学知识的研究转向基础研究—应用研究—开发研究、科学—技术—生产一体化的研究，各类型的科学活动之间相互关联。相应地，科学活动的组织化程度也越来越高，科学活动主体更多地以协作性的组织形式呈现出来，甚至和国际接轨。科学活动共同体也朝着集体化的方向发展，"学术性科学共同体与工业

① 中共中央马克思恩格斯列宁斯大林著作编译局.马克思恩格斯全集：第 3 卷 [M].北京：人民出版社，2003：23.

型科学共同体间的鸿沟正在日益填平，一种结合学术研究和科学研究特点的新模式——集体化科学共同体出现"①。这样，不同的科学活动共同体通过科学活动连接起来，它们可以脱离一切现实的域限，形成科学活动"网络"，并从事集体化或者一体化的科学活动。

可见，随着科学活动的发展，其主体由"原子式"或"单子式"的个体向"组织化"了的集体或共同体演进。然而，科学共同体这一概念是在 20 世纪 40 年代才由英国物理学家、哲学家波兰尼首次提出的。之后，美国社会学家莫顿丰富和发展了这一理论，并将其转化为科学社会学的基本概念之一。而美国科学家库恩则将科学共同体概念引入科学哲学，并将其视为科学活动研究中的焦点问题。

个体是科学活动的基本元素。但是，随着科学的高度分化与高度综合，边缘科学（如物理化学、生物物理）、综合科学（如环境科学）、横断科学（如系统论、信息论、控制论）等新兴学科不断涌现。在此种情况下，科学活动个体难以独自完成繁重而又艰巨的科学活动。这样，不同的科学活动个体因共同的利益、兴趣、爱好、追求等聚合组成"合而不同"的科学活动共同体。故而，就科学活动个体与科学活动共同体的关系而言，科学活动共同体是科学活动发展的组织化和建制化的要求，而科学活动的个体则是科学活动共同体存在和发展的前提和基础。当前，任何一个科学活动个体都需要隶属于某一科学活动共同体，而科学的发展是由科学活动共同体推进的。然而，科学活动共同体由于多种联系方式及秩序性的集合，因而也就呈现出不同的样态。最初，科学活动共同体是按地区划分的"科学家群体"，以后逐渐演化为由一定行政关系形成的"科学职业组织"、以共同的学术观点为核心而形成的"学派"或以不同学科领域划分的"专业共同体"。鉴于此，科学活动共同体具有极为丰富的组合方式，"凡是在人以有机的方式由他们的意志相互结合和相互肯定的地方，总是有这种方式的或那种方式的共同体"②。科学活动共同体可大可小、可持久

① 王珏 . 科学共同体的集体化模式及其伦理难题 [J]. 学海，2004（5）：132–135.

② 斐迪南·滕尼斯 . 共同体与社会 [M]. 林荣远，译 . 北京：商务印书馆，1999：65.

可短暂，可强可弱，可以是有形的也可以是无形的。归结起来，科学活动共同体主要有以下几个特点：① 层次性。科学活动共同体的层次主要表现在以其研究领域的不同，划分为等级不同的子共同体。② 多重性。多重性是指在科学活动中同时具有多重性质的社会联系，即存在多重科学社会关系的特点。③ 变动性。它是指科学活动的交往频数在不同问题领域中的分布不同。④ 等级性。等级性亦成为科学活动共同体的权威结构。根据科学活动个体在科学活动中所起的作用不同，他们的社会地位也不同。⑤ 模糊性。科学活动共同体的界限与内部结构是相当含混的。科学活动共同体的成员地理分布和职业分布极其广泛，它不像一个具体组织或机构的成员那样可以明确区分，在科学活动共同体内部，科学研究的交叉与综合性质使科学活动个体可以同时隶属于几个子共同体，还有许多科学活动个体在各子共同体之间流动[①]。

可见，科学活动主体由科学活动个体向科学活动共同体拓展是科学活动发展的必然趋势。然而，这并不意味着科学活动个体地位的丧失。其实，科学活动个体是科学活动最直接、最活跃的主体，是永不消逝的存在。科学活动共同体更是离不开科学活动个体，它由个体组成，并由个体代为行使其职能。但是，科学活动共同体又不是科学活动个体的集合并列和简单叠加。正如 1+1>2，科学活动共同体超越了个体与群体的概念，成为一种整体性的存在。整体"是所有部分的一个隐定的平衡，而每一部分都是一个自得自如的精神；这精神不向其自己的彼岸寻找满足，而在其本身即有满足，因为它自己就存在于这种与整体保持的平衡之中"[②]。具有独立精神的不同的科学活动个体在作为整体的科学活动共同体中既放弃了部分的独立性又保有部分的独立性，从而使个体与整体之间保持某种平衡关系。科学活动共同体对外代表其内个体成员的利益和要求，并以"整个的个体"的形式行动；对内压制其内个体成员的个别性，"因为整体、共体……它本身就是一个个体性；而且它所以是个体性，所以是自为的，乃因为从本质上说别的个体性都是为它而存在的，因为它排除别的个体性

---

① 宋怀时.科学共同体在科学活动中的作用[J].自然辩证法，1985（4）：12-17.

② 黑格尔.精神现象学：下卷[M].贺麟，王玖兴，译.北京：商务印书馆，1996：18.

于自己之外，并觉得自己独立于它们之上。共体，或者说公共本质有它的否定方面，即，它对内压制个体的个别化倾向，但对外又能独立自主的活动；而它实现这个否定方面正是以个别性作为它的武器"①。

由此可见，科学活动主体随着科学活动的发展而由个体向共同体演进，科学活动主体内含科学活动个体与科学活动共同体这两种主体。科学活动主体"并非仅仅作为个体（自我）而'在'，人的社会性决定了他总是内'在'于社会群体之中。个体只能定义'自我'是什么人，而共同体也是一种集体身份，它是一种对'我们'是什么人的定义"②。实际上，个体是以单数形式存在的主体，而共同体既是以复数形式呈现的主体，又是"整个的个体"。这样，"主体在'在'与主体间的'共在'便构成了人存在的二重相关向度"③。科学活动个体与科学活动共同体这两种主体相互关联，缺一不可。科学活动主体呈现出个体—共同体的主体存在模式。

第二节 科学活动主体德性的历史嬗变

随着科学活动的发展及科学活动主体的演进，科学活动主体的德性也发生了相应的变化。科学活动主体的德性由真向真善美延展、由个体德性向个体—共同体德性拓展。

一、由真向真善美延展

在历史发展的过程中，科学活动的内涵是不断变化的。科学最初主要是指自然科学，即是探索自然现象以获取规律、真理和知识的科学，它主要体现了科学的认识价值。在探求真理并建构知识体系的过程中，科学活动主体运用其理性思维能力和辨识能力，探索宇宙的奥秘，厘清自身与宇宙中的自然、社会

① 黑格尔.精神现象学：下卷[M].贺麟，王玖兴，译.北京：商务印书馆，1996：18，31-32.
② 理查德·桑内特.公共人的衰落[M].李继宏，译.上海：上海译文出版社，2008：285.
③ 杨国荣.伦理与存在——道德哲学研究[M].上海：华东师范大学出版社，2009：84.

及他人之间的关系，探究"自在"事物的运动状态及变化规律，发现和认识宇宙中的客观真理，揭露宇宙中自在存在的"事实关系"并以此来解释世界。故而，"求真"是科学活动主体的初始目的和本质特征。科学的首要特征是真。相应地，对真理的探索和执着追求就是对科学活动主体德性所作出的最基本的要求。"求真"德性要求科学活动主体以追求"真理"为己任，秉承实事求是、务实求真的科学态度，追求真理、探索真理以推进科学知识的理论化、系统化。它彰显了科学活动主体的理智德性。对此，爱因斯坦评价道，"对真理和知识的追求并为之奋斗，是人的最高品质之一"①。

探索真理的科学活动使充满"魅"力的世界祛"魅"并给人附"魅"，它本身自成目的，其所获得的真理经得起实验和逻辑的验证，是客观公正的、普遍有效的、放之四海而皆准的规律和原理。没有真理，其他一切活动也就失去了根基。任何形式的科学活动都要以真为基底。而且，把握"真"是为着"善"的，科学之"真"体现了科学之"好"，即科学之"善"。然而，求真的科学活动旨在解释世界，它还不能涵盖科学存在的全部价值和意义。科学之存在除了解释世界，更为重要的是改造世界，因为科学既是"人为"的活动，也是"为人"的活动，它是以人为目的的人的科学。因此，科学之善既在对真理的执着追求中凸显，又在与人的关系中凸显。对科学之善的研究有两条路径："其一，科学因其自身而'好'；其二，科学因其在对人关系中而呈现出来'好'来。"②科学对世界的改造体现了科学之"善"。此时的科学突破了自然科学的阈限，是集科学、技术、生产于一体的大科学，它将分散的人力、物力和财力等资源集约起来，加快了科学技术物化的速度和周期，提高了劳动生产率和利润，从而能更好地为人类谋福利。科学之"善"是科学道德价值的体现，它要求科学活动主体具备道德德性，存善心、留善念、行善行。

"求真""臻善"的科学活动无一不蕴涵美，科学探索表现为求真美，科学创新表现为创化美，造福人类的科学活动表现为务实美。在科学活动中，科

① 许良英，赵中立，张宣三.爱因斯坦文集：第3卷[M].北京：商务印书馆，1979：32.

② 田海平.论科学之"善"[J].道德与文明，2004（5）：42–45.

学活动主体总是发乎于对美的渴望，依循于美的规律和逻辑，进行创造美的活动，并希求美的结果。科学探索的求真美，表现为"实验美，理论美和数学美。实验美包括实验现象之美、实验设计之美、实验方法之美、实验结果之美；理论美包括描述美、结构美、公式美；数学美包括理论数学表达的质朴美、和谐美、对称美和涵盖美"①。科学创新的创化美表现为，它能使真理和技术焕发出新的生机和活力，使人产生美的体验和感受，创造出更为美好的世界图景。因为一成不变的事物会给人造成一种审美上的疲劳，而科学创新能成就美。造福人类的务实美表现为，它始终以美为出发点和落脚点，给人们的工作、出行、日常生活带来便利，把人从繁重的体力与脑力劳动中解放出来，为人全面自由的发展创造条件。因此，科学美使科学具有审美价值，它要求科学活动主体具有审美德性，在科学活动中渴求美、体验美、实现美。

由此可见，随着科学活动的历史发展，科学活动主体的德性也随之发生相应的变化。科学活动主体不只是专注于求真的探索活动，而是将视线投向以人为目的即从人的需要出发，以人为本，造福于人类的臻善的科学活动。进而，其求真德性（理智德性）进一步扩展为臻善德性（道德德性），同时也体现了科学活动对科学活动主体更高层次的要求。随着科学活动的进一步发展，科学美日益凸显，这就须生成科学活动主体的审美德性。所以，科学活动主体真善美的德性具有层次性、关联性和递进性，它经历了从"真"向"真""善""美"的拓展。

二、从个体德性扩展为个体—共同体德性

随着科学活动的历史发展，科学活动主体也经历了由个体向共同体的历史演进，并形成了个体—共同体的主体存在模式。当代，科学活动的主体既包括科学活动个体，又包括科学活动共同体。相应地，科学活动主体的德性既包含作为科学活动个体的德性又包括作为科学活动共同体的德性，是个体—共同体

---

① 王大衍，于光远. 论科学精神 [M]. 北京：中央编译出版社，2001：102.

的德性。

以往研究德性的主体性论域多集中于个体德性。首先，在许多学者看来，德性内在于人的品质。因为只有对个体进行道德教化，外在的道德原则和规范才能内化为个体的德性。所以，内在性赋予个体以德性主体的角色。其次，德性体现了个体自律性的品质和品行。个体德性是由外在的道德原则和规范内化而来的，因而其行为并不受外界命令的驱使，而主要聆听内心的声音，是个体自觉、自愿的行为，是自我约束的行为，是自律的行为。因此，德性与个体有着更为切近的关联。此外，个体德性表现为更稳定的精神气质。尽管道德原则和规范的运用具有特定的时间和空间域，此时有效应的原则和规范彼时可能失效，此处有约束力的原则和规范在他处可能无用，然而个体德性无论在何时何地都对个体的德性行为具有引领性。

关于共同体德性的研究，在西方可以追溯到亚里士多德对于古希腊城邦的美德伦理的研究。在亚里士多德看来，"一个有着共同利益（善）的共同体内的对共同利益的追求，是传统德性赖以存在的一个基本社会条件。德性是在共同体内部通过其实践辩证地建立起来的。善本身是一种共同性的善，德性则是一种共同体得以建构的内在条件"①。这成为科学活动共同体德性研究重要的思想资源。

从科学发展史来看，科学活动个体的出现早于科学活动共同体，因而科学活动个体德性的生成亦先于科学活动共同体的德性。从科学社会学来看，科学活动共同体是由不同的科学活动个体汇聚而成的组织或团体，因而没有科学活动个体就没有科学活动共同体。然而，就科学活动共同体的德性而言，它不是科学活动个体德性的简单叠加。因为科学活动个体是矛盾的综合体，他既是普遍物，又是特殊物，"任何自我意识都知道自己是普遍物，即从一切被规定的东西中抽象出来的可能性，又知道自己是具有特定对象、内容、目的的特殊物"②。一方面，个别性和特异性使科学活动个体过独一无二的精神生活，能

---

① 龚群. 回归共同体主义与拯救德性——现代德性伦理学评介 [J]. 哲学动态，1998（6）：43-45.
② 黑格尔. 法哲学原理 [M]. 范扬，张企泰，译. 北京：商务印书馆，2009：18.

按照自己独特的方式去感受、去体验外在世界，并在科学探索活动、科学创新活动和造福人类的科学活动中直接生成其德性。显然，带有个体特异性的德性所代表的是个体的"私意"，而个体德性的整合也只是不同个体的"众意"；另一方面，一般性和普遍性又迫使不同的科学活动个体保留其相异的意识而取其共同的意识从而形成集体意识或"公意"（general will）。公意"不同于个人的私意和反映个人利益总和的众意，它以人民的公共利益为出发点，只着眼于共同的目标，所以永远是公正的"①。因此，科学活动共同体的德性并不是其内个体成员德性的简单叠加，而是不同科学活动个体"公意"的体现。随着科学活动由科学活动个体的零散行为演变为科学活动共同体的有计划、有组织的集体行动，科学活动主体的德性就由个体德性向个体—共同体德性拓展。

就科学活动个体的德性而言，它不是指个体在某一实现活动中的具体的德性，而是个体德性之整体。科学活动个体按照自己的意愿自主选择和确立自己的德性，并自觉地服从和遵循内心的律令。而科学活动共同体的德性是一个群体或一个组群的集体德性。因此，它是科学活动共同体内部各成员之间联结的纽带，是科学活动共同体内部各成员的公意，是对善与德性广泛一致的看法，也就是说，科学活动共同体的德性对于共同体内部的每一个个体成员来说都是普遍适用的，它是共同体内部各成员需要共同遵守的法则。故而，科学活动个体德性与科学活动共同体德性既有差异性又有包容性。科学活动个体只有在科学活动共同体中才能给自身以准确的定位，"任何人都生活在一定的共同体之中，孤立的原子式的自我是不可能存在的，而且也从来没有存在过。一个人的道德立场和价值观念只有放到他所在的共同体之中才成为可理解的和有根基的"②。正是在科学活动共同体中，其由单个个体组成的成员才能对科学活动之真善美产生广泛一致的看法。因此，科学活动共同体的德性是科学活动个体德性得以存在的前提和保障。

---

① 罗肇鸿，王怀宁.资本主义大辞典 [M].北京：人民出版社.1995：304.

② 王国银.德性伦理研究 [M].长春：吉林人民出版社，2006：10.

综上所述，科学活动主体的德性随着科学活动及其主体的历史演进而发生相应的变化。由于科学活动从零散走向集约，科学活动主体的德性也由纯粹的进行科学探索活动的求真德性转变为求真德性、臻善德性与达美德性的延展；随着科学活动主体从个体向共同体演进，科学活动主体的德性也由个体德性向个体—共同体德性扩展。

第三章　科学活动主体的德性悖论

纵观科学史，科学活动是科学活动主体求真、创新和造福人类的活动。然而，由于一些科学活动主体急功近利追逐金钱、权利、名望的不正当欲望和价值取向，使其在科学探索活动中弄虚作假、以伪充真，造成了真伪的悖谬和真善的冲突；在科学创新活动中抄袭或剽窃他人成果，造成了革故鼎新的困境和对优先权的争夺；在造福人类的科学活动中行祸害人类之事，造成了科学活动的德福悖谬。这就生成了科学活动主体的德性悖论。进而，在一定程度上，影响了科学的健康发展和科学活动主体德性的完善。

第一节　科学探索活动主体的德性悖论

科学探索活动中真理与谬误相互伴生的特性便于某些追名逐利的科学活动主体弄虚作假、以伪充真；而其中"是"与"应该"、"事实"与"价值"是否无涉的争辩又为某些科学活动主体的作恶行径进行了辩护。上述情境构成了科学探索活动主体德性悖论的重要因素。

一、真伪的悖谬

如前所述，求真是科学活动的首要特征。然而，真理与谬误同为科学探索活动的产物，同是科学探索活动主体认知客体对象的结果。而谬误之所以产生不仅与科学的认知结构有关，还与科学探索活动主体的动机、需要、利益等因素密不可分。这就产生了诸如"化真为伪""以伪乱真""以伪充真"等的真伪悖谬，还使科学探索活动主体的求真德性受到毁坏。

1. 真理与谬误

科学探索活动主体以"求真"为旨趣。"求真"德性是科学探索活动对其活动主体所作出的重要要求，它使科学探索活动主体以追求真理为目标指向，体现了科学探索活动主体德性精神的认知向度或理性向度。可靠性是其认知价值的重要表征。然而，由于主体自身、客体对象及认知方式等因素的影响，科学探索活动主体的认知却变得不再可靠，有时甚或伴有谬误产生。

传统认知主义认为，认知是由孤立的、单子式的个体进行的。在其影响下，具有神经系统和独立意识能力的科学探索活动个体被视为科学认知活动最直接的主体。然而，基于出生背景、身体状况、受教育程度、思维模式、经济条件等的不同，各科学探索活动个体所进行的并不完全是"以逻辑性为准绳、以事实证据为指南"①的理性活动，而是兼有个人的兴趣、动机、需要、习惯、专长、利益、偏好等个性化烙印的理性与非理性共同发挥作用的活动，这就不可避免地会使不同个体在认知上产生这样或那样的偏差，甚至会出现诸如"化真为伪""以伪乱真""以伪充真"等弄虚作假的现象。那么，个体认知的真假需不需要评判、评判的依据是什么、如何评判、评判正确与否等一系列问题就成了亟待解决的问题束。况且，科学活动个体的精力和能力都是有限的，而其需要了解和掌握的事物的规律是无限的。个体的有限性和认知的无限性使真理的认知具有阶段性。那么，在某一阶段上的认知是否为真，是否绝对为真也是一个备受争议的问题。此外，传统认知主义并没有将任何形式的共同体看作主体。科学活动主体的逻辑基点虽随着科学活动的发展由个体转向共同体。但是，科学活动共同体毕竟不是灵肉之躯，它没有大脑这样的意识和思维器官，也不能直接感知事物。正因为如此，科学活动共同体的地位和功能屡受质疑，甚至被当作没有精神的死物而丧失了认知真理的权力，只能被动接受来自个体的认知，而这证实了用此方法获得的真理是不可靠的。即便是科学活动共同体能够作为科学认知的主体，其内个体成员也有着共同的兴趣、动机、需要、偏好、利益等，也会以"整个的个体"的形式进行认知活动，他们捆绑在一起，分享彼此所掌握的事实材料、数字依据、实验证据，互相吸收或补充彼此所欠缺的

---

① 威廉·布罗德，尼古拉斯·韦德.背叛真理的人们：科学殿堂中的弄虚作假[M].朱进宁，方玉珍，译.上海：上海科技教育出版社，2004：112.

理论知识，但是这却不能排除集体犯错误、自我欺骗或轻易受骗的可能，因此，其所获得的真理之真伪也有待进一步验证，尽管与科学活动个体相比，科学活动共同体的认识确实要深刻一些、可靠一些。

宇宙中的一切存在之物都可被纳入科学探索活动中去，并作为科学探索活动的客体对象而存在。宇宙之浩瀚，其中的各种存在之物也以千奇百怪、千变万化的样态存在，而且其总是随着时空的变化而变化：此处的宇宙现象与他处的不一定耦合；今天呈现在我们面前的世界与之前的相比已发生了根本性的改变，宇宙本身每分每秒都在发生变化，更不用说已被镌刻上数亿年、数亿人烙印的宇宙。进入人类认识视界的宇宙随时空的转化而有所不同，而宇宙中的规律和真理也是隐蔽的，它总是掩藏在复杂的、多变的现象和假象之下。

科学探索真理的认知方式或结构具有如下特点：其一，过程性。科学对真理的认知需要历经一个过程，是"从大量可以观察到的事实延伸到体现这些事实的定律，再延伸到解释这些定律的理论"[①]的循序渐进的过程；其二，灵活性。随着主体世界和客观世界的变动，主体对客体的认识和反应也发生相应的变化，"定律可以根据新的事实加以改变或修正，理论也可以随着思想上的革命而被推翻，代之以更好的而且往往是更全面的理论"，如此，"科学知识的结构在不断扩大"[②]。故而，任何诸如占有事实材料的情况、专业知识的层次和结构、专业能力和特长、个体或集体的品性及特异性等因素都会对科学探索活动主体的认知及其结果产生一定的影响。

如上所述，不同或同一科学探索活动主体出于一定的目的、采用不同的认知模式，认知多元的和复杂的的客体对象，其认知结果也是不同的，其中既包含真理，也包含谬误。托勒密在欧多克斯和亚里士多德研究的基础上，整合当时所能收集到的全部资料（虽然这些资料对于现在的我们来说是非常有限的）建立和完善了"地心说"。"地心说"是世界上第一个行星体系模型，是欧洲

---

① 威廉·布罗德，尼古拉斯·韦德.背叛真理的人们：科学殿堂中的弄虚作假[M].朱进宁，方玉珍，译.上海：上海科技教育出版社，2004：112.

② 威廉·布罗德，尼古拉斯·韦德.背叛真理的人们：科学殿堂中的弄虚作假[M].朱进宁，方玉珍，译.上海：上海科技教育出版社，2004：6.

盛极一时的宇宙学说。但是，它只是科学假说，是经过人为规定和拼凑而推导出的真理，还经不起事实和逻辑上的证伪。随着实践经验的丰富、观察仪器的改进、数学等基础学科的发展，被视为真理的地心说的弊病日益显露出来。16世纪，哥白尼结合长期的观测结果、分析已有资料创立了"日心说"。"日心说"批驳了"地心说"之谬误，并将其淘汰。"地心说"从"真理"走向"谬误"的过程及"日心说"的创立说明了真理与谬误的界限并不是那么清晰，真理中隐蔽着谬误，谬误中蕴含着真理，二者随时都有可能向自己的对立面转变，即真理或转化为谬误，谬误或得出真理。而且，真理也正是在与谬误不断斗争中，在人类的世代更迭中获得的。

可见，科学探索真理的活动要求其主体秉持"求真"的探索德性。然而，科学探索活动主体、科学认知方式和客体对象等各要素却有可能阻碍主体求真目标的实现，并有可能产生谬误，而科学探索活动主体的求真德性也正是毁于科学探索活动"真"与"伪"的悖谬之中。

2. 科学的真与伪

"真"是科学的本质属性。真实的科学是经得起历史检验的，被反复验证为真的科学理论，它与"假"相对。故而，一切虚假的东西都不能称为科学。但是，科学发展的史实却证明科学的真伪之争一直存在。如前所述，科学探索真理的认知活动具有灵活性。随着观察的深入、新事实的出现、论证方法的革新及认识的深化，已有科学理论和科学模型不断地改进和提升；随着客观事物的神秘面纱被一层层地剥除，原有的作为真理的科学理论被一个个地否定，新的具有真理性的科学理论不断涌现，科学认知正是在这种肯定—否定—否定之否定的无限循环往复中呈现出螺旋上升的态势。因此，"否定"恰恰构成了科学发展最为重要的一环。可以说，科学探索活动实际上是发现原有的、具有真理性的科学理论中隐蔽且实存着的谬误的科学活动，而伪科学也不可避免地在科学探索活动中、在科学探索活动主体的认知活动中显现出来。所谓伪科学，就是缺乏事实依据、未经实验验证、经不住重复性检验、违背事实和理论上的合理性。"化真为伪""以伪乱真""以伪充真"等是伪科学最为突出的表现形式。

在科学发展史上,真科学与伪科学常常出现相互转化、相互渗透、被误认等现象。一是真科学与伪科学有可能向自己的对立面转化,即真科学成为伪科学,而伪科学转化为真科学。牛顿以行星的椭圆运动理论批驳了曾经是漩涡论创立者的笛卡尔的圆运动理论,而爱因斯坦对水星近日点的说明又是对牛顿理论的证伪等。因而,科学之发展就是在不断批驳和证伪原有理论,发现新的事实、搜集新的材料、反复验证新理论的过程中实现的。二是真科学与伪科学有可能相互渗透,即伪中有真,而真中亦有伪。18世纪一位名叫弗朗茨·安东·梅斯梅尔的医生在维也纳开设了一家诊所。他在诊疗室中放置了一个椭圆形木箱,木箱周围撒满玻璃渣、水和铁屑等,木箱内摆放着几个玻璃瓶,木箱盖上有几个孔,铁棍穿过木箱盖上的孔插在瓶子里并对准患者。他营造了一个音乐回荡、香烟萦绕、神秘莫测的诊疗氛围。此外,他还发明了一套动物磁力治病的独特的诊疗方式,即询问病人的情况,用铁棍触摸患者以致其发生麻木、痉挛、昏迷等身体反应。梅斯梅尔的这种诊疗方式在当时遭受了严厉的质疑和批驳,被看作是伪科学。但是,这种诊疗法也具有部分为真的、科学的属性。它的催眠作用奠定了催眠术的基础。三是真科学与伪科学有可能被误认,即把假的误作真的从而人为地虚构事物的真实性,或把真的误作假的从而人为地否认事物的真实性。在死亡阴影的笼罩下,古代人热衷于寻求长生不老之术。应此需求,许多人投身到炼制长生不老仙丹的行列中去。然而,服食仙丹的人并未成仙,反而早早离世。实际上,长生不老违背了人体生长的自然规律,是伪科学。但是,死亡的可怕及人对死亡的畏惧却使其变得真实,并成为人类追捧的"真"科学。占星术亦是如此。哥白尼为维护其"地球是运动的"这一理论,委曲求全,既表明其效忠于教皇的决心,又以毕达哥拉斯的意见为掩护,避而不谈与圣经争锋相对的地方,但仍受到来自教会的污蔑和诽谤。

上述三种真伪难辨的情境在科学发展史上屡见不鲜。其症结固然与推动科学发展所需的新事实、新思想、新假说等的涌现有关，是对已有解释系统的否定和补充，是科学认知不断深化、科学知识体系不断壮大所必须付出的代价，但是也不能排除科学活动主体故意为之的情况，因为无论是作为单子式的还是作为原子式的科学活动主体都无法摆脱人性中为善的优根性和作恶的劣根性。发表论文而且尽可能多地发表论文是科学活动个体自身或共同体团队的进身之阶，是其科研成果的文字显现，是其探索自然和传播真理的媒介，是其获得业界认可的重要指标。如此，科学活动个体才有资格被作为精英集团的科学活动共同体吸纳，成为精英集团中的精英；也才能招募助手或学生，创建实验团队，拿到政府的资助，建立自己的实验室，并在他们的帮助下获得更高的成就和成功；才能站在同行业的前端，赢得声誉、取得名望。如若不然，就会被科学界所淘汰。这些压力和野心使一些科学活动主体以身涉险从事科学舞弊活动，以假充真、以伪乱真。历史上层出不穷的科研舞弊案，都与科学活动主体有时因追逐不合理的或不正当的名利或欲望而产生的压力和野心有着莫大的关联。而且，科学认知结构的灵活性、同行评议中自我纠错机制的不完备性及重复实验的局限性等又为本应严格遵循逻辑性和客观性的科学活动主体大开舞弊的方便之门。目前，论文的多寡成为衡量科学活动主体成就的重要标准。重"量"轻"质"会使一些低劣的文章能够在泛滥的学术期刊上发表，而它们恰恰成为科学活动主体评定职称、评聘岗位、评选奖项的砝码。世间不乏阿尔萨布蒂之流，他就像"一家生产论文的工厂"，"把别人发表过的论文用打印机重新打一遍，把原作者的名字换成自己的名字，然后就把这稿子寄到一家不引人注目的杂志发表"。事实证明，"他所发表的 60 篇论文，多数（也许全部）都是剽窃来的。他的这种手法欺骗了世界上几十家科学杂志的编辑"[①]。而由于资源不足、缺乏动力等原因，重复同一个实验以期获取同样的结果本身就是困难的，而且科学活动主体往往出于对立情感和防范心理不愿或拒绝将实验的条件、操作技术、设备、数据、证据等透露给他人。一名就读于艾奥瓦州立大学的研究生曾

---

① 威廉·布罗德，尼古拉斯·韦德.背叛真理的人们：科学殿堂中的弄虚作假 [M].朱进宁，方玉珍，译.上海：上海科技教育出版社，2004：29-37.

向 37 位在心理学杂志上发表过论文的人写信并索要相关原始数据，32 人作了答复，其中 21 人声称他们的数据找不到、遗失或不小心毁掉了，2 人附带利己条件的提供，而 9 人所提供的数据在统计上有严重错误的就占一半。这就为部分科学活动主体有意伪造、蓄意欺骗或严重错误做了掩护。而那些试图进行重复实验的科学活动主体有可能受到同行的倾轧。1979 年，瓦赫斯利希·罗巴德仅要求调查耶鲁大学的两位教授是否做过某项实验就被嘲笑和冷落了半年之久[①]。此外，同行评议系统旨在自我纠错以防止科研舞弊现象的发生，但它有时也被指责像一个"哥们儿网"（old-boy network），因为其成员"都是从一个精英集团和机构中挑出来的"，所以，"只要你属于精英集团，审查你的论文时就可以马虎些，审批你的经费申请时就可以松一些，你就会更容易地得到更多的奖励、编委资格、讲师资格及科学界各种各样其他的尊称"[②]。如此，谬误一定会出现。对于此，科学界还总是保持着宽容的态度，要么用科研的自我管理机制作辩护，强辩科研能自我纠错；要么用"坏苹果"理论搪塞，将责任推诿给个别个体。

实际上，只有具有真理性的科学理论才能成为科学，而伪科学不可以被归为科学。值得一提的是，尽管伪科学常常被归到"非科学"中，但其并不是"非科学"的全部内涵。因为"非科学"还包含哲学、艺术、宗教、美学等，是与自然科学不同的科学。在科学发展史上，这些所谓的"非科学"或者直接推动科学事业的发展，或者建构人类的精神文明，因而是科学发展不可或缺的前提和思想资源。

总之，科学探索真理的活动蕴涵真与伪的悖谬，这是科学发展不可逆转的现象，同时也与科学探索活动主体追名逐利的压力和野心有关。"以假充真""以伪乱真"的科研舞弊行为不仅使科学探索活动及其结果失"真"，而且会造成科学探索活动主体"求真"的德性危机。

---

① 威廉·布罗德，尼古拉斯·韦德.背叛真理的人们：科学殿堂中的弄虚作假 [M].朱进宁，方玉珍，译.上海：上海科技教育出版社，2004：61-62.

② 威廉·布罗德，尼古拉斯·韦德.背叛真理的人们：科学殿堂中的弄虚作假 [M].朱进宁，方玉珍，译.上海：上海科技教育出版社，2004：79-82.

二、真与善的冲突

一些科学探索活动主体打着"忠实于科学"的幌子，强调"是"与"应该"无关、"事实"与"价值"无涉，只关注其"能做什么"而不是"应做什么"，对其应"有所当为"或"有所不为"的探索活动故作不知或故意忽略，从而造成了科学探索活动中的真善冲突，并生成了科学探索活动主体的德性悖论。

1. "是"与"应当"是否无关

科学探索活动主体旨在探索客观事物之所"是"，使其"是其所是"。所以，科学探索活动是研究关于事实的科学。也就是说，科学探索活动主体要如实地反映客观事物的性状和关系，探索事物的本质属性和客观规律，发现客观事物之事实。这里所说的事实有三个方面的含义：一是客观事物本身所固有的事实属性；二是进入精神或意识世界后被主体所赋予的主观事实；三是主客观相互作用下不容主体置辩的客观关系事实。故而，科学探索活动主体所作出的事物"是什么"的事实判定，其系词为"是"（to be）。科学探索活动主体虽然参与到科学探索活动中去，并为事实的探索和发现殚精竭虑，但是就科学活动主体与客观事物的"主—从"关系而言，科学探索活动主体是"从"，客观事物是"主"，科学探索活动主体必须遵循客观事物自身的规律，按规律办事，以形成客观公正、普遍有效、放之四海而皆准的科学知识。

事实与人的关系是科学探索活动的价值所在，其价值命题是科学探索活动主体探索客观事物之事实是否对人有用，即科学活动主体"应该"或"不应该"进行某项科学探索活动，此活动对人类是否有益等，其系辞为"ought to be"。此时，科学活动主体与客观事物的"主—从"关系发生了根本性的转变，科学活动主体为"主"，客观事物为"从"，这意味着科学探索活动主体需沉思何种科学探索活动对人类来说是有价值的，即科学活动主体是否能进行"是其所应是"的科学探索活动。

科学探索活动主体应不应该（"是其应所是"）从事某项科学探索活动以获得客观事物之事实（是其所"是"），这无疑回归了一个普遍困扰人们的问题，即能否从"是"推出"应该"，也就是休谟问题。休谟曾经说，"在我所遇到的每一个道德学体系中，我一向注意到，作者在一个时期中是照平常的推理方式进行的，确定了上帝的存在，或是对人事作了一番议论；可是突然之间，我却大吃一惊地发现，我所遇到的不再是命题中通常的'是'与'不是'等联系词，而是没有一个命题不是由一个'应该'或一个'不应该'联系起来的。这个变化虽是不知不觉的，却是有极其重大的关系的。因为这个'应该'或'不应该'既然表示一种新的关系或肯定，所以就必须加以论述和说明；同时对于这种似乎完全不可思议的事情，即这个新关系如何能由完全不同的另外一些关系推出来的，也应当举出理由加以说明，不过作者们通常既然不是这样谨慎从事，所以我倒想向读者们建议要留神提防；而且我相信，这样一点点的注意就会推翻一切通俗的道德学体系，并使我们看到，恶和德的区别不是单单建立在对象的关系上，也不是被理性所察知的"①。休谟虽没有给出明确的题解，但其隐意已很明显，即从"是"中无法推出"应该"。那么，到底能不能实现从"是"到"应该"的跃迁成了至今仍悬而未决的话题。

"是"与"应该"分属于不同的论域。"是"是客观事物运动和变化的规律性，它所指涉的是客观事物之"真"，是"是什么"的事实陈述，而"应该"则是科学活动主体如何行"善"的规定性，是其行为的指南，是"应该是什么"的价值规范陈述。无论从"是"到"应该"的跃迁还是从"应该"到"是"的跃迁无非就是"真"与"善"、"事实"与"价值"、"实然"与"应然"是否有关联及有何关联的问题，即它们能否中立的问题。

2. 事实与价值是否无涉

科学探索活动主体在其探索活动中以"实事"为对象"求""是"。于是，经验科学的思维方式就是对客观事物做出"是"或"否"的反应及形成"真"或"假"的事实判断。这无意中滋生了科学与价值或事实与价值是否中立的问题域。"价值中立说"认为，科学与价值存在着本质性的区别，二者无涉或者

① 大卫·休谟.人性论：下册 [M].北京：商务印书馆，1983：509.

不相关，"经验科学无法向任何人说明他应该做什么，而只是说明他能做什么——和在某些情况下——他想要做什么"①，而"至于判断的主体是应该拥护这些最终的价值尺度，完全是他个人的事情，是他的意欲和良知的问题，而非经验认识的问题"②。概括而言，"经验科学终究是以了解'存在'物之间的关系和结构为己任，而对'当为'并不言；价值判断以'当为'作为指导实际行动的准绳，往往以'正当'理由排斥'存在'依据，即以'牺牲理智'为前提"③。对于科学探索活动主体来说，"存在""客体""事实""实然"能进入其研究和论证的视界，而"善"与"恶""好"与"坏"的价值判定则与其无关。爱因斯坦提出的 $E=MC^2$（E 表示能量，M 代表质量，C 表示光速常量）的质能方程式揭示了质量和能量之间的关系，为核能的释放提供了理论支撑，但他在进行核研究时并没有想到将核能应用于战争。马克思·韦伯坦承科学与价值中立带来的好处。他说："把实在与逻辑意义上的理想类型进行逻辑比较的关系从处于理想而对实在所作的评价判断截然区别开来，反而是科学的自我节制的基本职责和防止蒙骗的唯一手段。如我们一再重复的那样，我们意义上的'理想类型'是与评价判断毫无干系的，它只与逻辑的'完善性'相关。"④

科学探索活动有其独特的特质，它所获得的科学知识必须是真的，必须具有客观性和科学性，它依赖于主体和具体的情境，却又对主体及情境做出了这样或那样的要求：一是科学探索活动主体必须舍弃其在出生背景、生活环境、经济条件、社会角色、政治地位等方面与他者的揖别，弱化其个性，以期极为公正地反映客观事物的真相；二是作为科学探索活动的主体，其探索的道路虽荆棘密布，探索的过程虽异常艰辛，但其最终的事实结果却要将自己排除在外，以期获得普遍有效的真理；三是科学探索活动主体必须脱域，并始终与世界中

① 马克思·韦伯.社会科学方法论[M].北京：中央编译出版社，1998：6.
② 马克思·韦伯.社会科学方法论[M].北京：中央编译出版社，1998：6.
③ 苏国勋.理性化及其限制——韦伯思想引论[M].上海：上海人民出版社，1988：271.
④ 马克思·韦伯.社会科学方法论[M].韩水法，莫茜，译.北京：中央编译出版社，1998：48.

的各元素保持一种微妙的关系，既从存在中来，又在存在中凸显出来，"人是这样一个存在者，这个存在者的存在是通过在存在之无蔽状态中的保持着开放的内立——从存在而来——在存在中凸显出来的"①。那么，科学探索活动是否能够不考虑主体的具体情况而将其彻底排除在外呢？答案无疑是否定的。科学探索活动既无法脱离主体，又无法脱域。故而，科学（事实、真）与价值（善、美）也不能完全脱节，科学与价值在现实上也不是无涉的，而是相互关涉。

作为科学探索活动的主体在其有所行动之前首先要确定该行为的价值，也就是说该活动"值不值得做""应不应该做"；其次，要从事有价值的或有意义的探索活动；最后，还要获取有价值的科学知识。科学知识传播着科学的认识价值、解释价值、预见价值、审美价值、意识形态的价值等。故而，从整个科学探索活动来看，科学与价值是相关的。科学价值中立性的观点虽言之振振有词，呼声响彻云霄，但科学探索活动本身的行动特质却使其不攻自破。强调真与善相冲突的行为是某些科学探索活动主体自欺欺人的谎言，因为"是"与"应该"、"事实"与"价值"无涉从事实上切断了科学探索活动与人类的关联，从而在根源上质疑了科学存在的意义和价值。正如生命医学科学的兴起和发展一样。生命医学科学以人为目的，为了防控疾病、维护和增进健康、拯救和延长生命及改善和提高生活质量，否则生命医学科学就是无用的和没有必要的。

综上所述，科学探索活动中的真伪悖谬及真善冲突既是科学自身发展过程中所孕育的，又是科学探索活动主体人为致使的，是其为实现追名逐利的野心、缓解科研竞争的压力、辩解不当的科学行为而散布的自欺欺人或欺骗他人的谎言。尽管科学探索活动主体应具备求真的德性品质，但并不是其本身真实拥有的，而只是强加于他们身上的不太现实的要求而已，这就需要在科学探索真理的活动中培养科学探索活动主体的求真德性。

---

① 海德格尔.路标[M].孙周兴，译.北京：商务印书馆，2000：442.

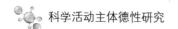

第二节　科学创新活动主体的德性悖论

科学的本质在于创新，创新是科学活动的内核，科学创新活动主体以创新为己任。然而，科学创新活动中"革故"与"鼎新"的困境及科学创新活动主体出于功利目的对创新成果（即优先权）的争夺，却使科学创新活动及其主体陷入创新的德性危机之中。

一、革故鼎新的困境

科学创新活动是科学创新活动主体革故鼎新的活动。然而，革故鼎新的科学创新活动却遭遇了巨大的困境，具体体现在革故的阻力和鼎新的艰辛上。这固然与科学创新活动中新与旧的较量、继承与创新的矛盾有关，但更为重要的是有些科学创新活动主体以自己的利益为轴心阻扰他人创新。上述这些因素恰恰生成了科学活动主体创新的德性悖论。

1. 革故的阻力

科学的本质在于创新，而创新首先就要革故，"故"是指已知的（科学）理论、已有的技术和原有的组织形式。

已知的理论是科学探索活动主体在充分地搜集事实材料、反复地实验验证和审查中获得的，它受到科学界的普遍认同，并嵌入到人们的头脑中去，成为客观公正、普遍有效、放之四海而皆准的知识或知识体系。有因才有果，科学探索活动主体不仅能"知其然"（结果），还能"知其所以然"（原因）。科学理论正是在这种因果关系中建构的，它具有严密的逻辑性和相对的理论完备性。所以，要打破已知理论的坚硬外壳颇需费一番功夫。首先，从已有的、严密的因果逻辑关系体系中发现问题、提出问题对科学活动主体来说是困难的，因为它要求科学活动主体有永远消耗不完的时间和精力，超强的智力和能力，充足的跨时代、跨区域、跨专业、跨学科的知识储备，而这无疑是强科学活动主体之所难，是对其生命阈限和认知极限的挑战和讽刺。其次，已有理论的建构是经由一位科学家的艰苦卓绝的努力或几代科学家连续的、共同的努力而获得的，其建构过程也是异常繁复、庞杂，枯燥无味的。某一科学家所做的往往是筑基或添砖加瓦的工作，就像抽积木或层层叠的游戏一样，稍有不慎，科学的理论大厦就会坍塌。最后，已有理论是"知其然"（know what），并"知其所以然"（know how）的知识，它因其因果上的关联性和逻辑上的自洽性而长期浸淫到人们的头脑中，易于固化思维，并对其进行捍卫以阻碍任何形式的分辨、质疑、批判和证伪。

已有的技术是指前人，同时代中的同行、同事或自己过去已获得的技术成果或技术产品。早期的技术源于生活经验，贴近生活，是生活化的技术，它易于被工匠利用、改造，也易于被人们接受。随着技术科学化、群体化、智能化、产业化及高技术化的发展，技术越来越远离生活，向高（高级）、精（精密）、尖（尖端）方向发展。高精尖的技术或产品是经过一系列有序的流程研发出来的，其中包括概念、计划、开发、测试及发布等。基于技术研发本身的复杂性，变更已有的技术困难颇多，是一项费时、费力的工程。同时，技术又与政治、经济等社会因素绑定在一起。技术研发投资大，它需要大量的人才、雄厚的资金、丰富的原料等，其过程需要经过反复的测试和实验，其研究成果所需承担的风险很大且见效很慢。所以，技术的投入产出比使单个科学活动个体或某一科学活动共同体无法、也无力承担技术研发耗费得多，这就需要得到政府强有力的支持和支援，而政府的财政预算也有一定的配额，不可能无条件、无原则地赞助一切技术改进。技术研发是经济发展的要求，经济所关注的是成本的最小化和利润的最大化，当厂商、团体或国家购买大量技术产品的时候，短期内就不会再支持技术的新研发或者将金钱投到技术产品的购买上。

已有的组织形式是指科学活动主体以何种组织样态进行科学活动。科学活动的组织形式是由科学活动的状况决定的，它随着科学活动的发展而发展。如果不能随着科学的发展而变更旧有的组织形式，那么势必会阻碍科学活动主体革故的科学活动。

作为科学创新活动的主体不可避免地要承继以往优秀的科学和技术成果，然而，已知的理论、已有的技术和组织形式不仅是科学创新活动的助力，还是其阻力。创新的首要前提是革故，就是要全部或部分淘汰掉陈旧的科技成果。面对革故的阻力，科学创新活动主体如何协调与前人、同时代人、同行、同事、自我的关系？如何处理与前人、同时代人、同行、同事的科技成果，甚至自己过去的成果之间的关系？这些问题被摆置在科学创新活动主体面前，成为其亟待诠释的德性困惑。

2. 鼎新的艰辛

科学创新主要表现在以下几个方面：第一，科学知识[①] 的创新，其中包括科学知识的创新、技术知识的创新和生产知识的创新。知识是科学活动主体认识活动的结果。科学活动主体的认识能力和认识水平在前人、同代人、同行、同事及自己过去认知的基础上不断提升，其认知的条件也随着历史的更迭而不断变化，已有的知识被淘汰或升华，新的元素被纳入科学活动探索的领域中去，新的知识如雨后春笋般涌现。这样，科学知识总是处于创新过程中，它无限趋近于真理，但总是距真理一步之遥。同时，技术知识与生产知识也不断创新，并朝着高、精、尖方向发展，从朴素的技术知识上升为科技黑箱，从简单的生产知识升华为复杂的系统化的生产知识。第二，活动的创新，其中包括科学活动的创新，技术活动的创新和生产活动的创新。科学活动的目的是满足科学活动主体自身及人类日益增长的需要。需要是无止境的，一种需要被满足了，新的需要又会产生；较低层次的需要被满足了，就会产生较高层次的需要，这就客观上要求科学活动的不断发展和创新。例如，工业时代及后工业时代的机器化大生产取代手工业生产正是基于人类生存和发展的需要。第三，科学活动组织形式的日益创新。科学活动的组织形式随科学活动的发展而变化，由起初的科学活动个体的单独活动发展到科学活动个体的随意组合再到科学活动组织的出现，由松散的科学家联盟到有组织的科学活动共同体，由区域内的联合到跨

---

① 这里笔者所关涉的科学与科学知识是在"科学、技术、生产一体化"的语境之下（下文相同）。

区域的协作再到国与国之间的合作。科学活动的组织化、社会化、建制化程度越来越高，就要求不断变更和创新科学活动的组织形式，以此适应全球化背景下科学活动的发展。

科学创新活动既是对原有科学理论的积累，又是对原有科学理论的突破，还是对"新"的科学理论的开创。对原有科学理论的累积不仅是指对科学成就，即科学、技术、生产知识或成果的继承，还有对科学研究、技术研发及生产技能的概括和总结，也就是说，这种积累包括了对知识、技术、方法、能力等各个方面的累积。否则，就不能使原有的科学—技术—生产中的优良传统得以传播和承继。对原有科学理论的突破意味着扬弃。扬弃是一种选择，而选择的方式是多元的。科学活动主体可以因时、因地、因事选择科学的内容、观念、方法、思维等，因而很难给出具有统一标准的答案。对"新"的开创是指跨越了原有科学理论的量的积累并将其"新"的萌芽和可能转化为现实，实现了由"故"向"新"的质的飞跃。这种飞跃不是一种线性发展的模式，而是波浪式前进、螺旋式上升的模式。因而，鼎"新"的科学创新活动更是艰辛的。这里的"新"即指"新颖"，科学活动主体要用有别于以往的新视角、新视域、新思维观察和思考科学问题，采用新的方法研究问题，以此建构新的知识、创造新的技术、建成新的组织模式。科学出"新"谈起来容易，做起来难。纵观科学发展史，科学的创新充满了艰辛。比如，哥白尼突破托勒密的"地心说"，提出"日心说"；我国科学家对于"两弹一星"的艰辛研究等。有时，真正的创新成果不被重视，而那些通过不正当途径（如剽窃、捏造和篡改数据等弄虚作假的手段和行为）获得的所谓的创新成果反而会受到吹捧，"对弄虚作假的东西盲目接受和对新思想的抵制，是同一事物的两个方面。伪造的结果如果编得圆滑，如果与流行的偏好或人们的期待相吻合，如果出自一个名牌机构的颇有资格的科学家之手，那么，这样的结果就会被科学界所接受。科学上激进的新思想正是因为不具备这些特点，所以往往受到排斥"，"善于以假乱真的科学骗子比一个敢于革新的天才有更多的机会通过系统的检查"①。此外，不管对于某一领域的科学活动主体而言，还是对于该领域外的其他的科学活动主体或非专业人士来说，"新"的东西在某种程度上具有陌生性，它不易被接受和采纳，虽然"一旦有证据证明某种新思想更令人信服时，科学家们就应该马上接受新思想而摒弃旧思想"，但事实上，"即使旧思想早已破产，科学家们仍然死死抱着它不放"②。德国物理学家、量子理论的创始人朗普克将新思想与旧思想的较量看作是一场不死不休的战争。他认为，"凡属重要的科学创新，很少是通过逐步赢得反对者并使之转变而得到发展的：索尔变成保尔的事极少发生。实际情况是，反对者逐渐消亡，而新的一代人从一开始接触的就是新思想"③。

以上从科学创新活动的整体过程来看，科学创新活动主体首先需要对"故"有的东西进行筛选，取其"精华"、弃其"糟粕"；其次要在"故"有的东西的基础上发现"新"的东西，如新思维、新内容、新观念、新方法；最后创造新的东西，如新知识、新技术、新产品、新组织形式。而新与旧的较量及科学创新活动主体自身的功利目的致使科学创新活动变得异常艰难。科学创新活动主体革"故"的阻力及鼎"新"的艰辛使其陷入要不要创新、如何创新、怎样创新、创新什么的德性困境之中。理清这些问题的症结所在，无疑有助于建构科学活动主体的创新德性。

二、优先权之争

优先权是科学创新成果社会承认的最高形式，是科学活动主体自我价值的实现及对其正当权利的维护。所以，科学创新活动主体基于自身的名利需求竞

---

① 威廉·布罗德，尼古拉斯·韦德.背叛真理的人们：科学殿堂中的弄虚作假 [M].朱进宁，方玉珍，译.上海：上海科技教育出版社，2004：118，85.

② 威廉·布罗德，尼古拉斯·韦德.背叛真理的人们：科学殿堂中的弄虚作假 [M].朱进宁，方玉珍，译.上海：上海科技教育出版社，2004：112.

③ 威廉·布罗德，尼古拉斯·韦德.背叛真理的人们：科学殿堂中的弄虚作假 [M].朱进宁，方玉珍，译.上海：上海科技教育出版社，2004：113.

相追逐优先权，为此甚或采取一些反乎德性的手段，从而恶化了科学创新活动主体之间的关系，污染了学术环境，不利于科学的创新。

1. 优先权的争夺

科学发展史表明，在同一时空中同一的或类似的科学创新活动往往由不同的科学活动主体独立展开和完成，比如牛顿与莱布尼茨同时进行微积分理论的研究等。而科学发现和发明的共时性使得谁最先取得创新成果，谁就有可能最先或优先获得社会的承认。社会承认了某科学活动主体与其成果之间直接的隶属关系，指明某项成果是某科学活动主体的成果，它先于其他科学活动主体的发明或发现，是新发明或新发现确立和形成的标志。社会承认的形式多种多样。其一，成果的提交或评审。科学活动个体将某项科学发现或发明的成果送交同行、同事、共同体或其他更高级别的认证机构评审，或在期刊、杂志、会议中提交论文，或申请专利等。通过上述方式，科学活动个体或科学活动共同体将其成果推向社会。而同行、同事或相关机构的认可程度、期刊或会议的级别及专利的等级表征了该项发现或发明的科学活动主体所受到的社会承认度的高低。其二，成果的传播和扩散。隶属于某一科学活动主体的科学发现或发明如果不加以传播就无法得到社会的承认，而其传播的方式又有很多种：① 向外界发布和宣传科学发现和发明的成果，这一方面可以让同行或者社会各界了解相关的成果及其作用，另一方面也可以接受其他科学活动个体或共同体的评议；② 论文的宣读和发表。转载、引用、摘录等不仅提高了某科学活动主体的知名度，还提升了其成果的影响力。③ 科学发现和发明的应用。科学发现应用到技术的研发和改进中去，而技术发明迅速运用到生产实践中去，从而形成了科学—技术—生产的一条龙转化和发展。④ 教化。科学发现和发明以学科知识的形式在家庭、学校、社会中传播和普及，并成为科学成果扩散和社会承认的重要渠道。其三，成果的报酬或奖励。社会对某科学活动主体科学成果承认的方式有两种，即物质的报酬和精神的奖励。相关的权威机构、社会团体可以给那些取得突出成就的科学活动主体颁发证书或勋章等，也可以发放奖金或给予一定的稿酬，以兹鼓励。可见，其科学成果的可接受程度、评价高低与其社会承认的程度成正相关的关系。其四，成果的社会承认有助于使获得该项成果的科学活动主体载入科技史，名垂青史。

科学创新成果社会承认的最高表现形式是科学发现或发明的优先权。优先权是对科学活动主体科学创新活动中所做出的突出贡献的承认、肯定和颁扬，是科学活动主体自我价值的实现和最高需要的满足。以此为推动，科学活动主体能清楚地意识到在科学活动中做出新的发现和新的发明是他的任务和使命，而这一任务的达成能增进他的幸福，因为他运用其聪明才智、付出了艰辛的劳动和努力，实现了科学成果的独创性和新颖性，受到了社会承认。因此，自古以来关于优先权的争夺就表现得异常激烈。

科学活动主体为在某一科学领域中独占鳌头，就必须在竞争中取胜并获得社会的承认，也就是说必须争得该领域科学发现和发明的优先权。对于优先权的争夺主要发生在同时代的同行、同事之间。这种因优先权而产生的冲突与其说是科学创新活动主体之间的竞争，不如说是科学活动主体之间的利益冲突。当相互诘责、互相攻击、恶意污蔑、肆意诽谤、有意排挤成为彼此间相处的惯常模式时，科学活动主体之间协同合作、取长补短、共同发展的和谐氛围就破坏殆尽了。这不仅不利于科学创新活动，更不利于社会的安定团结及人类的繁荣富庶和可持续发展。

2. 优先权争夺的实质

优先权是对科学活动主体及其科学创新活动完成得"好"的称赞，是对其创造性成果的肯定、赞许和奖励。它确认了知识、技术、专利等的归属权。拥有优先权的科学活动主体有权利操控该项发现和发明，有权利给自己的发现和发明命名，也有权利转让或买卖它们。也就是说，科学活动主体可以自由地支配自己的知识产权或专利权，而且这种权利受到法律的保护。实际上，优先权是赋予具有原创精神的科学活动主体的殊荣。这对于科学活动主体来说无疑具有吸引力和诱惑力。为赢得该项荣誉,科学创新活动主体势必要抢占第一。所以,关于优先权的论争并不一定表明科学活动主体天性就是好战的或好斗的,而是对自己的创造性的成果,对自己的知识产权或专利权的维护,对自己合法的和正当权益的保护。这种维护能使"在日常生活中的其他方面并不特别强调自己权利的谦逊和没有攻击性的人,在他们的科学工作中常常这样做"①。优先权,作为科学创新活动主体创新的驱动力,确实促进了科学的发展。但是,其中也存在诸多问题并产生了负面的影响。

为获取优先权,科学创新活动主体首先须保证其想法是新奇的、迎合人类需求的、能够吸引他人注意力的,其后则致力于将想法变成现实。然而,现实的结果却不一定符合科学创新活动主体的期许。出"新"之难使一些急功近利的或者善于投机取巧的科学创新活动主体采取非正当的手段以实现他们的期许,尽管受过高等教育的科学创新活动主体对其应该这样做而不应该那样做的规条甚为熟悉,却也抵挡不住对于成就第一的向往和欲望。何杰金氏病,作为一种起因不明的病症,引起了美国科学院院士查默奇尼克的研究兴趣,而朗就这样进入了他的视线。朗在查默奇尼克的指导和帮助下发表论文,申请巨额经费,配备了两名助手,并与哈佛—波士顿医学界的一些要人结识。朗借助查默奇尼克的名声、凭借自己所获得的各种证书及在马萨诸塞综合医院任职的资历与查默奇尼克一起成为唯一成功培养出永久性何杰金氏病细胞的人。同时,他们也因对何杰金氏病的研究而赢得了荣誉与业界的敬重。当夸伊(朗的助手)多次向朗索要原始数据并最终成功之后才发现朗看似完美的理念实际上并不完美,因为他为了达到预期的目的不惜篡改和伪造了实验的数据。被日本理化研究所和媒体包装成"学术女神"的小保方晴子宣称其成功地培育出了STAP细胞。这种细胞曾被誉为是一种新型的、能分化为多种细胞的、颠覆了生物医学常识的"万能细胞"。而事实证明,小保方晴子涉嫌造假,其论文存在着捏造和篡改之举。上述两个例证表明,采用不正当的手段获得优先权的行为,面对的是

---

① R.K.默顿.科学社会学:上册[M].鲁旭东,林聚任,译.北京:商务印书馆,2003:394-395.

指责和批判。

优先权之争确实激发了科学创新活动主体的竞争意识和竞争动力，却也同时激化了他们之间的矛盾和冲突。使用正当手段在科学创新活动中有所建树的主体要时刻防范他人的剽窃、抄袭、占用等，而采用不正当手段进行科学创新活动的主体更希望将自己不怎么光明正大的手段隐藏起来。可见，科学创新活动主体看不见的情感在优先权之争中起到了重要的作用。这不仅不利于科学创新活动主体之间的沟通、合作和交流，成为阻隔各主体间建立融洽的伦理关系的壁垒，也不利于营造良好的学术氛围，更不利于科学的良性发展。

第三节　科学活动的德福悖谬

与其他人类实践活动一样，科学活动以某种善为目的，旨在实现人的幸福。然而，科学活动在不同的时间段、不同的空间中，甚至在"研究—应用"中都会产生不利于人的全面发展及自然—人—社会可持续发展的后果。这就是科学活动的德福悖谬，它主要表现在时间上近期的德福一致与中期或远期的德福背离、空间上局部地区的德福优化与全球德福次优化即恶化，以及内在的"研究—应用"的德福悖论。科学活动的德福悖谬不仅不利于科学的发展和人类的幸福，还会引发对科学存在之必要性的质疑。

一、科学活动德福的时间悖谬

从历史上看，以往科学活动的德福关系总要经历一个由一致到背离复又一致的变迁。科学活动主体习惯于以"当下"为基点进行科学活动，所以也会出现近期的德福一致到中期或远期的德福背离的现象。

1. 科学发展史上的德福变迁

科学探索和创新活动通过解释和改造自然以实现社会的安定团结和人的幸

福，因此，科学活动是以某种善为目的的，它理应实现德福上的一致。然而，科学活动有时也会祸害人类。科学活动的德福悖谬已在科学发展史中得到充分的验证。

在原始文明和农业文明时期，面对着强大的自然力量，人类尚显得十分渺小，人类的蚍蜉之力还不足以撼动自然，自然的变化多端、神秘莫测为人类所畏惧。但是人的力量较之于动物来说又强大了许多。动物对自然是一种完全的依赖关系，动物式的本能无法创造出科学，动物也无法从事科学活动。实际上，科学是人类异于禽兽的重要标志之一，是在人类的努力下，在人类作用于自然的过程中形成和发展的。当人类欣喜若狂地投入到对自然界的探索、利用和改造之中而不是彻头彻尾地依赖自然之时，当人类意识到自身与宇宙中其他物种的区别之时，人就从动物及其他生命物或非生命物中严格地区别开来了。处于起步阶段的科学虽只能对宇宙万物进行表层上的发掘，虽未能大幅度改善和提升人类的生产状况和生存状态，虽远未满足人类日益增长的需求，但科学的产生、科学的探索与创造活动给予了人们无以伦比的幸福和满足。此时，科学与自然、人、社会等处于一种相互包容的非对抗性的融洽关系之中，科学活动的德福关系处于一致的状态。

近代以来，科学活动主体成为与自然关系的中介，并充分彰显了其作为主体的智慧与力量，他们倡导人类中心主义，以自身利益为其活动的出发点和归宿。而自然一直是科学活动解释和改造的对象。此时的人类在自然面前不再表现得那么渺小无措和软弱无力了，科学活动主体力图借助于科学征服自然、主宰自然以获取最大的功利价值。从某种意义上来说，这直接地或间接地创造出了富饶的物质文明和精神文明，展现了人类的内在潜能。从某种程度上来说，随着科学的长足发展，一方面，科学创造了真正人类学意义上的人工自然，为社会和人类创造了巨大的正面价值；另一方面，科学对人类文明的巨大推动作用遮蔽了其带来的负面效应——科学活动主体毫无顾忌地对自然加以攫取和利用，从而使自然本身的机理发生了质的转变：自然资源严重枯竭，环境污染日益严重，自然原生态遭到了严重的破坏，影响了人类生存和生活的质量。这样，科学活动德福背离的情况日渐凸显。

针对科学发展史上德福由一致到背离的变迁，科学活动主体面临着艰难的抉择：或是继续推进科学发展，或是停滞不前，或是因噎废食。对此，科学界和哲学界从各自不同的立场和角度出发著书立说，相互抨击。一时间，众说纷纭，莫衷一是。但这从另一个侧面反映了科学活动主体正试图探索其活动复又走向德福一致的出路。故而，从科学发展史的纵向关系来看，科学发展与自然呈现出一种动态关系，即从原初的"和谐"到现实的"对抗"，到现在正试图向着应然的"和谐"发展，而科学活动的德福关系也由一致到背离复又到一致的否定之否定的发展过程。

2. 德福的当下性与未来性的背离

科学探索和创新活动是科学活动主体"当下"的科学认识和科学实践活动。当下，即是科学探索和创新活动的重要的时间节点和关系中心，它连接过去和未来，是过去的呈现和未来的起点。过去的已为事实，它只能被回忆，而未来的还尚未达到，它只能被期待。所以，"当下"总是具有优先的地位。科学探索和创新活动主体首先需要优先考量"当下"的情况，即当下的科学活动主体（科学活动个体与科学活动共同体）、当下的科学活动客体（物质手段、能源、科学活动对象）、当下的科学活动主体需要与客体属性共同规定的目的的人们的正当需求、当下实现目的的手段、当下的科学探索和创新活动的结果。如此，"当下"的科学探索和创新活动是当下的科学活动主体，为实现当下的目的，利用一切当下可利用的资源和能源，采用当下的手段，以获得当下的结果。"当下"的科学活动是从当下人的利益和需要出发，为了"当下"人好、为了实现"当下"人的幸福的活动。所以，"当下"来讲，科学探索和创新活动是德福一致的行为。

科学探索和创新活动以自然为对象。自然是宇宙间一切生命物存在的依托，甚至人类本身也是自然的，因为自然铸就了人类有机的和无机的身体。这样，包括科学活动主体在内的全人类也自然而然地以自然界为其存在的根基。全人类具有共同享有和享用一切自然之物的平等权利。首先，自然提供了可以"安身"的生活资料，如阳光、大气、水、食物，等等；其次，自然给予了可以"立命"的生产资料，如电能、风能等能源和资源。从事科学活动的主体，作为宇宙间的一分子和类存在中不可或缺的重要组成部分，也同等地分享这些可以"安身立命"的自然之物。如此，科学探索和创新活动的主体以"不补偿"的方式自由取用自然界中的资源和能源。与经济绑缚在一起的科学和技术所优先关注的是效率。所谓的效率就是以最小的成本获得最大的利润。这并不是说要节省自然资源，而是对自然资源的最大量的占有和使用。诸如矿石资源、土壤资源、煤、石油等自然资源属于不可再生或非再生资源，它们当下的储备是有限的，也许数十年、数百年、数千年之后这些资源会枯竭。如果科学探索和创新活动主体对自然资源不加以珍惜或保护，无节制地开采和掠取，无限度地透支或预支，那么就有可能侵害后代人的利益并危及后代人的幸福，而后代人也不得不为当下人的自私自利买单。正如恩格斯早先描述的那样，"美索不达米亚、希腊、小亚细亚以及其他各地的居民，为了想得到耕地，把森林都砍完了，但是他们梦想不到，这些地方今天竟因此成为荒芜不毛之地，因为他们使这些地方失去了森林，也失去了积聚和贮存水分的中心"[①]。而且，自然具有自身运转的逻辑，违背自然规律有朝一日（或早或晚）必将受到自然的惩罚，"我们不要过分陶醉于我们对自然界的胜利。对于每一次这样的胜利，自然界都报复了我们。每一次胜利，在第一步都确实取得了我们预期的结果，但是在第二步和第三步却有了完全不同的、出乎意料的影响，常常把第一个结果又取消了"[②]。可见，"当下"德福一致的科学探索和创新活动对中期或远期影响是不确定的或不可预测的，有可能出现德福背离的情况。

---

① 中共中央马克思恩格斯列宁斯大林著作编译局.马克思恩格斯全集: 第20卷[M].北京: 人民出版社, 1971: 519.

② 中共中央马克思恩格斯列宁斯大林著作编译局.马克思恩格斯全集: 第20卷[M].北京: 人民出版社, 1971: 519.

二、科学活动德福的空间悖谬

科学活动是在"自然—人—社会"系统空间中进行的。但是，科学活动主体从自身利益出发总是更加关注某一或某些特别区域，并致力于实现该区域的德福一致。然而，局部区域空间的德福优化可能会导致全球的德福次优化即恶化，并阻碍科学的发展以及人类的幸福。

1. 科学活动的空间阈限

科学活动总是在由自然、人、社会等元素组成的"自然—人—社会"系统之中进行的。"自然—人—社会"系统是一个按照地区划分的系统空间，它具有很强的层次性和地域性。任何科学探索和创新活动都有其各自运行的区域空间。实际上，每一个区域空间即是一个科学场。科学场是一个关系的系统，是"各种位置之间存在的客观关系的一个网络（network），或一个构型（configuration）"①。自然、人、社会是科学活动的构成元素。科学活动各构成元素之间相互关联、交互作用，而"科学的主体其实并非单个的学者，而是某个科学场，它是充满着交往与竞争的客观关系的世界"②。科学活动主体与自然之间紧密相连：科学活动主体在不断作用于自然的过程中产生了科学，科学的发展使得科学活动主体由原来仅凭业余爱好从事科学活动的主体变为专门从事科学活动的主体，随之科学活动主体加大了对自然利用、改造和控制的力度。科学活动主体还与社会密切相关，"自然是一个社会的范畴。这就是说，在社会发展的一定阶段上什么被看作自然，这种自然同人的关系是怎样的，而且人对自然的阐明又是以何种形式进行的，因此自然按照形式和内容、范畴和对象性应意味着什么，这一切始终都是受社会制约的"③；科学活动主体与他人之间休戚与共，科学活动主体在满足他人需要之时获得利益和认同，科学时代他人

---

① 皮埃尔·布尔迪厄，华康德. 实践与反思：反思社会学导引 [M]. 李猛，李康，译. 北京：中央编译出版社，2004：133.
② 皮埃尔·布尔迪厄. 科学之科学与反观性 [M]. 陈圣生，涂释文，梁亚红，等译. 桂林：广西师范大学出版社，2006：108.
③ 卢卡奇. 历史与阶级意识——关于马克思主义辩证法的研究 [M]. 北京：商务印书馆，1995：318-319.

更依赖于科学活动主体的努力进行生产和再生产。由此可见，科学场是由科学活动主体确定的，而进入科学场的各种要素（科学活动主体、自然、他人、社会）又结成了千丝万缕的联系。显然，任何科学场都是一个结构之场，仅仅关注科学活动的单一元素是片面的、不科学的。"我们看到的图景不再只是一个个单独的事物和现象，这种孤立的事物和现象是不重要的，也是没有意义的。同时，也不再是一个个特别的过程，而是那种在实际中由于相互作用而形成的错综复杂的关系网络。反过来讲，多样性中的每一个部分，尤其是各种生物，它们的存在、发展和变化及意义和价值，只有在这种关系中才能被标示出来。这样，在这里我们可以看到关系就成为我们关注的一个最重要的事情，因此，由地表事物的多样性，我们可以看到复杂的关系及关系的形成和变化。进而由这个整体的关系网络，我们可以清晰地看到包括人类在内的各种生物在其中存在的去中心性，也即多样性中的生物之间在长期的地球自然的演进中所形成的一种相互依存的复杂的空间存在关系。"① 此外，科学活动也是具有自身逻辑的自主之场。"科学场从某些方面来说跟其他场域没有什么两样，不过他遵从自己特有的逻辑。"② 某一特定的科学场内的各元素，即科学活动主体、自然、他人、社会，都有自身的运行规律，各元素之间既共生共存又彼此独立、彼此依赖或相互博弈。而且，不同的科学场也有着各自独特的运作模式。布尔迪厄指出："任何一个'场域'，比方说科学场，都是一个力量之场，一个为保存或改变这种力量之场的较量之场。"③ 由此，科学场是彼此独立、相互对峙的斗争之场，场中的各元素总是处于相互竞争之中。

科学探索和创新活动总是在一定的科学场中进行的，具有一定的空间阈限。共处于某个空间的科学探索和创新活动主体具有共同的利益需求和目标设定、共同协作、共享空间中的各种资源和能源以创造出共同的劳动成果。在此过程中，

---

① 郑慧子.走向自然的伦理[M].北京：人民出版社，2006：178-179.
② 皮埃尔·布尔迪厄.科学之科学与反观性[M].陈圣生，涂释文，梁亚红，等译.桂林：广西师范大学出版社，2006：115.
③ 皮埃尔·布尔迪厄.科学的社会用途：写给科学场的临床社会学[M].刘成富，张艳，译.南京：南京大学出版社，2005：31.

科学活动主体与他人形成了"施—受—报"的互动关系链。科学活动主体将其探索和创新的成果施予社会及他人，而接受施予的社会及他人给科学活动主体以金钱、名誉和地位等的回馈，并使他们获得物质上和精神上的满足与幸福。

然而，由于存在于某个科学场中资源的数量、资源配置的比例、人员的构成、社会条件、行为目的等的不均衡，区域空间内科学探索和创新活动的实现程度及其主体的幸福感存在着很大的差异。

2. 科学活动德福空间布展的不均衡性

处于某区域内的科学探索和创新活动主体由于在该区间内的长期生活和工作经历而与之结下了不解之缘。地缘、血缘、亲缘、人缘等将处于同一区间内的科学探索和创新活动主体、自然、社会等因素紧密地联系在一起，形成了具有一定层次性和布展性的自然—人—社会系统空间。层次性是"自然—人—社会"系统的空间结构特点，是空间系统中自然、人、社会等的排列组合方式。单一的科学活动个体总是依附于某一科学活动共同体，而某一科学活动共同体与其他或更高级别的科学活动共同体之间既相互分立又彼此相关。区域内的各种资源（自然资源、土地资源、劳动力资源、资金、知识等）随着区位的大小又各有分殊，由此，科学探索和创新活动的区域空间是一种递进式的圈层结构。目前，科学探索和创新活动的圈层结构不断扩大，正向全球化和一体化的方向布展，空间生产的形式已由原来的"空间中的生产"扩展为"空间本身的生产"，由"横向空间"向"纵向空间"拓展，由"地球空间"向"宇宙空间"延伸。但是，无论科学探索和创新的空间如何向纵深方向拓展，它总是在一定区域空间中进行的区域科学。

实际上，科学探索和创新活动主体是以其所在区域中的自然、人、社会为本的科学活动。立足于区域资源，科学活动主体通过探索或创新德性为本区域服务以实现该区域人的幸福。可以说，科学活动主体的探索和创新活动优先考虑的是实现局部地区的德福优化。然而，形式上封闭的区域科学在现实中却是开放的。封闭于某个区间内的科学活动受到诸多的限制。闭门造车是不现实的，也是不可能的。封闭的区域科学与全球化、一体化的大趋势相背离，它不仅人为地设置了科技的壁垒，并且超越了区域的界限而引发了全球性的危机，导致了全球德福的次优化即恶化。生物科学技术的发展提高了出生率，降低了死亡率，为区域科学的发展提供了充足的劳动力资源，但随着人口的膨胀，对资源的需求也越来越多。这样，越来越多的人分食有限的资源，这不可避免地导致资源的短缺、透支或不平等，由此使该区域的科学活动主体将眼光投向该区域以外的资源，并对其加以占有和掠夺。科学技术应用于生产带动了区域经济的迅猛发展，同时也排放了大量的污染源，这些污染源不仅污染了环境，而且造成了生态的失衡。环境污染、生态失衡不再是某一区域的问题，它的连锁效应日益明显。恩格斯早在200多年前就意识到这个问题，他指出，"阿尔卑斯山的意大利人，在山南砍光了在北坡十分细心地保护的松林，他们没有预料到，这样一来，他们把他们区域里的高山畜牧业的基础给摧毁了。他们更没有预料到，他们这样做，竟使山泉在一年中的大部分时间内枯竭了，而在雨季又使更加汹涌的洪水倾泻在平原上"[1]。环境问题、生态危机已演变成全球化的问题。仍沿用以往的"各人自扫门前雪，莫管他人瓦上霜"的原则已不合时宜。上述局部地区的德福优化与全球的德福次优化即恶化是科学活动德福空间悖论的表现形式。仅将科学探索和创新活动主体德福关系的着眼点放在区域科学的发展上而不是放在全球范围内的做法是目光短浅的，其所造成的危害也必将遍及全球。

三、科学活动内在的德福悖谬

随着愈加精细的分工，科学的研究和应用活动在大多数情况下是分离的，它们由不同的科学活动主体完成，这样更容易出现研究和应用的脱节。有时研究愈深入和优化，其行为所造成的负面影响反而愈恶劣。同时，"研究—应用"的德福悖谬还引发了科学主义和反科学两种思潮。

---

① 中共中央马克思恩格斯列宁斯大林著作编译局. 马克思恩格斯全集: 第20卷 [M]. 北京: 人民出版社, 1971: 519.

1.“研究—应用”的德福悖论

科学活动是运用德性的科学实践活动。然而，科学活动并不必然等同于德性活动，因为科学活动既有合乎德性的方面，也具有反乎德性的方面。由于在科学活动主体所进行科学活动中，其"目的是一种普遍的东西，而实行是一种个别的东西，所以在意识看来，行为从本质说总不能不包含着目的与实行这两者的不协调、不对应"①，其主要表现在"研究—应用"的德福悖谬上。有些科学活动主体为了某种善的目的从事研究但却被他人利用进行着反乎德性的活动，从而产生了恶的结果。日本有机化学和药物学先驱长井长义在 1885 年从麻黄科植物中提取出一种名为"麻黄素"的生物碱以在医学临床上用作麻醉药，后来他又从麻黄碱中合成了甲基苯丙胺。甲基苯丙胺可以用于嗜睡、后脑炎、帕金森综合征、酒精中毒、肥胖症等的治疗上，具有重大的病理和药理价值。但是，甲基苯丙胺最初却被用在战场上的士兵身上，它能使士兵克服恶劣环境中饥饿、寒冷、恐惧的感觉，保持一种兴奋状态，但同时也使他们对甲基苯丙胺产生了依赖感。后来，一些毒品商发现了甲基苯丙胺制作的简易性及获得处方的方便性，开始大量生产对身体健康、社会安定造成极其严重危害的冰毒。有些科学活动主体进行着高精尖端的研究，如克隆技术，其目的也是善的，它引领了生物医学技术史上的革命性的变革，攻克了器官移植、无性繁殖等医学难题。关于克隆技术的研究近年来已经取得了长足的进展，进入了第三个阶段，即已由微生物的克隆到生物技术克隆再到动物克隆。现在，克隆技术人员面临这样一个严峻的问题：克隆技术能否继续发展到克隆人。从技术能力上看，研制出克隆人只是时间问题。但是问题是我们能否这样做，这样做会不会威胁到人这种生命物种的存在。正是鉴于克隆技术在应用上可能会带来的恶劣影响，当局对其进行了明令禁止或严格限制。

科学活动"研究—应用"的德福悖谬固然与科学的分工、科学活动主体的职业分工及"研究—应用"的脱节有关，但主要原因还是在科学活动主体身上。

---

① 黑格尔.精神现象学：下卷 [M]. 贺麟，王玖兴，译.北京：商务印书馆，1996：104.

科学活动主体能够研究出什么只是其能力的证明，关键还在于其必须事先预估其所从事的活动及活动的后果是造福人类的还是祸害人类的，并客观上要求自身"有所当为""有所不为"。"研究—应用"的德福悖谬说明科学活动是柄双刃剑，它具有正负两重效应，也会产生科学主义和反科学两种思潮。

2. 科学活动的正负两重效应

科学活动是一柄"双刃剑"，它可能会产生正负两重效应。所谓正效应是就科学活动对"人—社会—自然"产生的积极的或肯定的影响，而负效应则是科学活动对"人—社会—自然"产生的消极的或否定的影响。比如，信息技术将人类带入"信息世界"和"虚拟时空"之中，它使人类轻松获取各类信息，使原本面对面的交往方式转化为网络虚拟空间中的交往方式。然而，人们在享受信息技术带来的便捷之时，却又不得不面对一系列的社会问题，如网络黑客侵袭、病毒滋扰、网瘾成灾、不良信息渗透、人际关系淡漠等。医药生物技术可以治病救人，也可以作为杀伤性的武器而使生灵涂炭。核技术可以释放巨大的能量，也可以用作核武器而使世界和平顷刻之间毁于一旦。此外，科学活动主体可以为自然、社会、人类造福，也可以迫于内部冲动或外部压力而沦落为"科技动物"或"科技机器"。

科学是在人与自然交互作用的过程中产生的，它体现了人同自然的关系，其中包括作为科学活动主体的人与自然的关系。"控制自然"体现了科学活动主体的种属能力和本质要求，它"一开始就隐含于人类文明所固有的这种'解放旨趣'之中，且是一种与'文明'相伴而生的始源性的'冲动'"。但是直到近代，它才"开始演变成为一种'道德的神话'，成为现时代'时代精神'压倒一切的'主题'"①。因此，一旦"控制自然"的隐性冲动转化成为现实的行动，作为科学活动的主体——科学活动个体与科学活动共同体就会运用其理性能力和精神力量试图"主宰自然""支配自然"，并试图创造人类解放的道德"神话"。然而，"控制自然"却招致了自然的反抗和

---

① 田海平. 从"控制自然"到"遵循自然"——人类通往生态文明必须具备的一种伦理觉悟 [J]. 天津社会科学，2008（5）：11-17.

报复。随着科学的发展和科学活动的进行，人类赖以生存的自然环境遭到了严重的破坏。在科学活动中，科学活动主体向自然攫取资源与能源，并将大量的废水、废气、废渣等排放于自然之中。这就引发了一系列的环境问题，如大气污染与水环境污染问题、垃圾处理问题、土地沙漠化问题、水土流失问题、能源枯竭问题、生物多样性破坏等，从而使生态平衡失调并引发了深层次的生态危机。可见，"控制自然"的科学活动在某种意义上破坏了人与自然、人与人之间的和谐关系，颠覆了科学活动主体试图以此解放人类并获得自由的道德神话。

科学活动对社会内部的经济、政治、文化产生了重大的影响。首先，科学影响着经济的发展。"科学技术是第一生产力"，其能有效地配置资源，节约资金、劳动和缩短工时，提高利润率，实现利润的最大化。在科学活动中，各科学活动主体率先进行科学革命，掀起了一场不流血的战争。然而，"只停留在解决科学和技术难题的层次上，或即便把他们推向一个新领域，都是一个肤浅和狭隘的目标，很难真正吸引住大多数人。它不能释放出人类最高和最广泛的创造能量，而没有这种能量的释放，人类就陷入渺小和昙花一现的境地。从短时期看，它导致了不利于生产力发展的毫无意义的活动"①。其次，科学与政治紧密相连。从总体来看，科学活动是以善为目的的活动，它不是某一个人的活动，而是人类整体的共同事业，因此，科学活动的成果理应是无国界的、公有的。但是，"科学成就利用的性质、研究的方向性，以及往往知识内容本身，有机地同政治联系在一起"②。作为意识形态的科学利用自身的优势实现在意识领域内的颠覆和变革。此外，由于科学发展的不均衡性，各国之间，尤其是发达国家与发展中国家之间，在经济实力、政治地位、文化战略上也存在着巨大的差异。

基于科学活动对自然的控制及对社会的负面影响，科学活动主体、他人及

---

① 大卫·格里芬.后现代科学：科学魅力的再现[M].马季方，译.北京：中央编译出版社，1995：82.

② 拉契科夫.科学学：问题·结构·基本原理[M].韩秉成，陈益升，倪星源，译.北京：科技出版社，1984：140.

整个人类所在的自然和社会环境急剧恶化，从而动摇了人类安身立命的根基。此外，由于医疗技术和基因技术的发展，科学活动主体使人的生命阈限、生存方式、生活质量发生了重大的变化：人的寿命可被人为延长；人的自然存在方式可以发生改变。正是基于科学活动对场域中的自然—人—社会造成的负面效应及其与德性活动的偏离，人们开始质询"科学是天使抑或是恶魔""科学有无禁区""科学的极限与极限的科学""科学的代价"等问题，并展开了激烈的论争。归结起来，也就是科学能否存在下去的问题。这样就出现了两种截然相反的极端主张，即科学主义与反科学的思潮。

3. 科学主义与反科学的思潮

随着科学活动的发展及其正负两重效应的凸显，科学活动主体开始反思科学的价值和意义，并产生了两种相左的观点和态度，即科学主义与反科学的思潮。

于是，崇尚科学的科学主义、唯科学主义和泛科学主义便应运而生了，三者在某种程度上具有同等的意义。科学主义（scientism）萌发于近代科学兴起之时，是对科学发展所持有的一种乐观肯定的态度，因为在科学主义者看来，科学是万能的。正如 Radnitzky 所强调的那样："科学主义大致是这样的：科学没有边界，也就是说，科学最终会解答一切理论问题，并提供解决一切实践问题的方法。"[①] 从认识论上看，理性认识的对象就是那些能被科学辩护的或对于科学是可知的东西。科学认识的实在是科学已经达到的实在，科学认识到的知识即科学知识是唯一的知识；从本体论上看，科学渗透到社会生活的各个领域，规定着人类社会生活和道德生活的框架，产生了无所不至的影响，因此，只有科学已经进入的领域才是真实的存在；从价值论上看，科学主义"是一种关于科学的信念——特别是自然科学——它认为科学是人类知识中最有价值的部分，之所以最有价值，是因为它是最权威、最严肃和最有益的"[②]。这样，科学主义就是在对科学力量的折服中所产生一种不科学的信仰，它甚至可以

① Adnitzky. The Boundaries of Science and Technology[M]// Mikael Stenmark. Scientism：Science Ethics and Religion.Cambridge： Cambridge University Press，1997：30.

② Tom Sorell. Scientism：Philosophy and the infatuation with science[M].RoutledgeTom Sorell Ltd, 1991：1.转引自李侠. 简析科学科学主义与反科学主义 [J]. 科学技术与辩证法，2004（6）：1-4.

替代宗教拯救人类，解决科学及人类发展中所遭遇的各种难题和危机。也就是说，由于科学是进步的源泉，科学发展中的一切问题都可以依靠科学活动本身来解决。

事实证明，科学不是万能的，科学主义、唯科学主义、泛科学主义存在着致命的缺陷。"在 19 世纪后半叶，现代人让自己的整个世界观受实证科学支配，并迷惑于实证科学所造就的'繁荣'。这种独特现象意味着，现代人漫不经心地抹去了那些对于真正的人来说至关重要的问题。只见事实的科学造成了只见事实的人。"① 实际上，只见事实的单向度的科学造成了只见事实的单向度的人。科学主义无法替代哲学、艺术、文化等非科学而在人的道德生活和精神生活中发挥作用，它是一种未经过深思熟虑的冲动，并形成了只醉心于科学活动的单面人。

与科学主义背道而驰，反科学（anti-science）夸大了科学对社会控制的失当及由此导致的负面效应，它对科学的发展持质疑和批判的态度。18 世纪中叶开始，卢梭提出："随着科学与艺术的光芒在我们的地平线上升起，德行也就消逝了。"② 自此，反科学的声音一直不绝于耳。尤其是后工业时代，随着高技术的发展，人的需要及人的存在与可持续发展遭到漠视，从而激发了一系列的负面效应。这种负面效应主要表现在科学对人本身及对社会中的经济、政治、文化意识的负面影响上。人类运用科学创造知识、制造工具、生产财富，但却也同时使人类陷于知识的摆置和技术的座架之中，成为机器的附庸，人类的内心生活处于崩溃的边缘。科学使经济以异常迅猛的速度发展，但资源短缺、环境污染、生态危机等问题也随之而来；科学提升了国家的实力和地位，全球范围内的各国及国家内部的各组织正在进行一场由科学引发的不流血的竞争和战争，并试图重建秩序新格局。此外，科学技术还具有形塑意识形态的功能，它像幽灵一样悄无声息地渗透到生活的每一个领域，使科学技术的强大力量和科学活动主体的权威得以彰显。

科学主义与反科学思潮是人类根据科学活动所产生的正负两重效应而作出

---

① 埃德蒙德·胡塞尔. 欧洲科学危机和经验现象学 [M]. 张庆熊，译. 上海：上海译文出版社，1988：5.
② 让·雅克·卢梭. 论科学与艺术 [M]. 何兆武，译. 北京：商务印书馆，1980：11.

的两种极端反应。科学主义片面地夸大了科学的正面作用，它将人类的社会生活和道德生活置于科学控制和统辖的范围之内。这样，科学活动主体沦为精于算计的机器，他们放弃了对意义世界和精神世界的追求，他们的灵魂愈加腐败，他们的德行消逝了。反科学片面地夸大了科学的负面影响，并试图通过弃绝科学以维持内心的安宁和纯净。然而，如果没有科学，人类的生活品质就会滑坡，人类的道德生活也就缺少了物质性的保障。可见，无论是科学主义还是反科学都是反乎德性的科学行为，反而会使科学活动主体的德行消逝。

综上所述，一些科学活动主体受名利所惑在科学活动中使用不正当的手段以达到某种功利目的，如在科学探索活动中弄虚作假、在科学创新活动中抄袭或剽窃他人成果、在造福人类的科学活动中行祸害人类之事。这不仅造成了科学活动主体的德性悖论，还影响了科学的健康发展。探索、创新和造福人类的科学活动主体虽在初始时就被要求应该具备求真、创新和造福人类的德性品质，但这并不是他们所真实拥有的，而只是一种理想。因而，需在探索、创新和造福人类的科学活动中构建科学活动主体的德性。

第四章　科学活动主体德性的理论建构

从事探索、创新和造福人类的科学活动的主体应从科学活动自身的特点及其主体存在的德性悖论出发建构其德性。因而，科学活动主体德性的建构包含三个方面的内容：首先，应克服科学探索活动中的德性悖谬，建构科学活动主体的探索德性；其次，应克服科学创新活动中的德性困惑，建构其创新德性；最后，应克服科学活动的德福悖谬，建构其造福人类的德性。

第一节　科学活动主体的探索德性

建构科学活动主体的探索德性，须克服科学探索活动自身的及主体受动机、需要、利益所驱使而产生的真伪悖谬和真善冲突，倡导科学活动个体勇于求索的精神，推进科学活动共同体的协同探索精神。

一、倡导科学活动主体勇于求索的精神

面对因追名逐利而造成的真伪悖谬和真善冲突，科学活动主体须贯彻诚实性的求实精神，即以诚实的态度探索真理、验证科学理论的真理性；须秉持坚持和执着的求索精神，以"应然"的德性责任，提高探索的勇气，磨砺坚忍的毅力，以此生成其探索德性，并进一步探索真理。

1. 诚实性的求实精神

科学活动的真伪悖谬使其主体"求真"的德性意愿受创，并陷入"真"与"伪"的持久争斗中。为此，科学活动主体应始终贯彻"诚实"的德性精神，以"求真务实""坚持真理""批驳谬误"的科学态度探索真理、证明真理、审查真理并以此保证科学知识的诚实性。

就探索真理的活动而言，科学活动主体以"实事"为依据追求"是"，即

客观事物的规律性。首先，"实事"，即"事实"，是不以人的意志为转移的客观实在，是科学探索活动所要认知的对象，这就要求科学活动主体给予事实以诚实的关注、对待和尊重。由于认识的差异性、不平衡性、过程性和阶段性及事实的分散性、隐蔽性、累积性和突变性等特点，事实并不能一次性地、完全地、清晰地呈现在认识主体面前。对于科学活动主体来说，看似全面的事实具有相对性，而其自认为全面的事实其实也是相对的，因为认知主体随时都有可能发现已有事实或新事实。故而，科学活动主体需要不断地累积已知、正视新知、预测未知，既要注重细节、不遗漏任何事实，又能触类旁通，整合归类事实，还能对比事实，并作出真假判断。此外，科学活动主体对"事实"的诚实性还表现在拒斥虚假事实。伪造事实、修饰和夸张事实、指鹿为马、以假乱真等都是不诚实的表现。其次，科学活动主体对真理的探索是通过科学活动实现的，所以，科学活动的诚实性是科学活动主体行动的道德准则，它通过反复的科学观察或科学实验等形式实现。（反复）观察是科学认识活动最基础的实践形式，科学活动主体通过感官观察、仪器观察、实验观察、电脑观察等手段认识客观事物。科学实验是观察的一种最有效的形式，是积累事实和材料、检验科学假说、形成科学理论的实践活动，是探索真理的第一条件。求真的科学探索活动体现了科学活动主体与客体对象之间反映与被反映、规定与被规定的关系。科学活动主体企图反映和规定客体对象运动变化的规律，这些被规定了的规律和真理又是客观的，不以主体的意志为转移的。而且，规律和真理也不易于被科学活动主体发现和掌握，因为它们总是隐匿在诸多现象和假象之后。这样，科学活动主体就需要理性地对待各种现象和假象，去粗取精、去伪存真、由此及彼、由表及里，所以理性思维是保持科学实践活动的诚实性的保障。最后，"是"是科学探索活动所希求的结果，因而就要保证科学知识的诚实性。诚实性的科学知识要通过论文审查和同行评议，经得起时间的检验和实验的证伪，不能因其主体受利益左右而违背理论上和事实上的合理性。

就验证科学理论的真理性的活动来看，科学的诚实性表现在对科学理论的真理性的证伪上。科学理论的真理性不能证明，只能证伪，因为科学理论的真理性是相对的，而获得"包括一切"且"永不改变"的真理是困难的。验证科学理论的真理性的手段有很多，其中最为显著的是自证和他证。科学理论的真理性之自证就是用自身真理性的理论来辨识自身理论的真伪，而他证则是借用自身之外的真理性的理论来论证自身理论的真伪。无论自证还是他证都要诚实地对待自身的和自身之外的真理以保证真理证伪的客观公正性，它不允许有任何例外情况的存在和发生。

就审查科学理论的真理性的活动而言，科学活动主体旨在将真理与谬误区分开来，然而真理与谬误的相对性使由真理到谬误或由谬误到真理的转变仅一步之差。因此，审查真理的诚实性就在于以严谨的学术态度、诚实的行为表现及合理的怀疑精神识别和验证真理与谬误。真理之审查依靠足够充分的、可重复的经验证据，它拒斥一切伪证，同真理一样需要证据支撑的谬误经不起反复性的和对比性的验证。真理之审查仰赖科学实践的检验，实践是检验真理正确与否的根本标准，诚实的实践活动能将主体与客观事实贯通起来。真理之审查依赖逻辑的验证，真理在逻辑上一定是自洽的，而谬误也必然是不自洽的。真理的审查为科学探索活动撒下了怀疑的种子，它必将生根、发芽，并推动科学探索活动的进一步发展。

诚实性贯穿于科学探索活动的各个环节（即探索真理、证伪真理、审查真理）之中，它促使科学活动主体诚实地收集事实材料、从事诚实的科学实践活动并实现科学知识的诚实性，从而形成科学探索活动的良性循环。

2. 坚持和执着的求索精神

科学探索活动中"是"与"应该"无关、"事实"与"价值"无涉的真善中立观常常使科学活动主体陷入虽醉心于求"真"，却对真伪的悖谬和真善的冲突熟视无睹的矛盾中。因而，对于"是"与"应该"、"事实"与"价值"之间能否关涉、在何种意义上关涉的认知，直接关系到科学探索活动主体德性的生成。

客观事物之所"是"（即客观事物的规律、事实、真）是科学探索活动的对象，是作为科学探索活动主体的职责，而"应该"（规条、价值、善）则不被包含在其所研究的视域之中，并被划归到社会学家、哲学家、文学家研究的论域中。这种过于精细的分工确实有利于不同学科的发展，但却无疑在自然科学与社会科学之间设置了一个不可逾越的鸿沟，而它的突出表现就是"是"与"应该"、"事实"与"价值"、"真"与"善"的中立问题。事实上，科学的"是"或"事实"与伦理的"应该"或"善"不能截然分开，科学的"'是其所应是'的应然逻辑"虽不同于伦理的"'是其所应是'的应然逻辑"，但伦理"'是其所应是'的应然逻辑中蕴涵于的现代科技形态之中，现代科技形态是现代科技'是其所应是'的应然逻辑生成的现实基础和运作的意义域，离开这一意义域，其应然逻辑存在的合理性、现实的必要性将有颠覆之虞"，因此，"现代科技应然逻辑的道德哲学建构，不仅蕴涵科技活动主体同时也蕴涵科技伦理主体，其主体认知图式不仅有现代科技'是其所是'的实然逻辑，还须有现代科技'是其所应是'的应然逻辑"，而"这意味着现代科技发展要求科技活动主体具有双重角色和双重认知图式，这蕴涵两大突破：一是对原有科技认同的突破；二是对原有伦理认同的突破。与此同时，蕴涵了两大转变：科技活动主体向科技—伦理主体转变，科技共同体向科技—伦理实体转变"①。

作为科学探索活动的主体不仅要探索客观事物之所"是"，还需探索科学探索者"应该"走何种道路。也就是说，科学探索活动是科学探索者道路的探索。"应该"的探索道路是作为科学探索活动的主体在长期的科学探索活动中形成的习惯性的思维模式和行为方式，是对"是"这样才能更好地探索真理的概括和总结，它使主体的科学探索活动有理可依、有路可走，而毋须重复探索，所以，它也构成了科学研究的范式，属于应然和价值的问题。

科学探索主体的探索总是艰辛的，姑且不论宇宙的浩瀚无垠与神秘莫测，

---

① 陈爱华. 现代科技三重逻辑的道德哲学解读 [J]. 南京：东南大学学报，2014（1）：18-25.

仅就自然规律、科学规律等的获得而言，并非唾手可得，而是需要付出十分艰辛的努力，需要几代人不懈的探索。因为这些规律大都为变化多端的现象所掩盖，有时则常常被假象所遮蔽，且随着新事实的出现、新证据的提供、新的实践的进行及新思想和新方法的使用，真理与谬误之间也可能相互置换，进而增加了探索与辨识的难度。所以，坚持和执着的求索精神是科学活动主体的探索道路，是科学与德性合而为一的科学—德性探索道路。首先，科学活动主体需抱持"守得云开见月明"的乐观态度以克服"出师未捷身先死"的忧郁。如果意大利科学家乔尔丹诺·布鲁诺和西班牙自然科学家、医生、肺循环的发现者赛尔维特因畏惧宗教和强权而放弃研究，他们就不会创造出具有深远影响的"日心说"和血液循环理论，就不会一个被视为"异端"而烧死在罗马鲜花广场，另一个被加尔文教烧死在火刑柱上。他们的肉体虽被烈火烧成了灰烬，他们有限的生命形式虽随着这一把烈火而终结了，但是他们这种至死不渝地探求、捍卫真理的科学乐观精神却流芳百世，成为历史的永久记忆，并激励和感召着无数的后来者坚持真理、献身科学。其次，科学活动主体还需固持"明知山有虎，偏向虎山行"的探索勇气而非"畏首畏尾""踌躇不前"。曾两次获得诺贝尔物理学奖的玛丽·居里面对镭辐射的危害，不畏艰险为放射学的发展做出了巨大的贡献。此外，科学活动主体需秉持"孜孜不倦"的求索精神和"百折不挠"的坚忍毅力以规避轻言放弃或"半途而废""不了了之"风险。中国关于彗星的最早记载始于殷商时代，自秦至清共有 29 次记录，但却没有人对此展开研究。一千年后英国物理学家爱德蒙·哈雷（Edmond Halley，1656—1742）通过多次的观测测定了彗星的轨道数据并预言了其回归的时间，而哈雷彗星也因其探测者哈雷而得名。

由此可见，对于科学探索主体而言，"是"与"应该"、"事实"与"价值"、"真"与"善"无法割裂开来。"是"与"真"是"应该"与"善"的基础；而"应该"与"善"是科学探索主体探索"是"与"真"的引领。

二、推进科学活动共同体的协同探索精神

科学活动共同体因其自身的优势而成为科学探索活动的重要主体之一，它根据其内个体成员的专长进行合理的分工，以共同体的思维方式和是否有利于全人类的生存和发展的原则作为其行动的准则无私地奉献给社会和人类，而"诚信"是科学活动共同体内个体成员之间合作的品格。

1. 协同探索的优势

科学活动个体是科学探索活动的基本元素。科学活动共同体是不同的科学活动个体因共同的趣缘、业缘和利缘等聚合而成的"合而不同"群体或集体，是科学活动社会化、建制化的产物，是科学探索活动的逻辑起点。

科学活动个体与科学活动共同体之间的这种预定的和谐却因彼此之间的利益冲突而打破。首先，不同的科学活动个体之间存在着矛盾。每一个科学活动个体都无法舍弃其出生背景、生活环境、经济条件、受教育程度、社会角色、政治地位及智力和能力等特异性的因素。具有特异性的科学活动个体即使同处于一个共同体内，但是由于他们在搜集事实材料的充分度、进行科学探索活动的实践度及获取和对待真理的诚实度上的不同而使其在自我实现和发展中拉开了彼此之间的距离，造成了事实上不平等的现象。其次，不同的科学活动共同体之间存在着矛盾。每一个科学活动共同体构成了一个小型的科学场，其在组成人员、机构设置、专业领域、管理模式上存在着差异，这种差异造成了同行业或跨行业科学活动共同体之间的利益矛盾和冲突。最后，科学活动个体与科学活动共同体之间存在着矛盾。每一个科学活动个体都隶属于一个或者多个科学活动共同体，离开共同体也就没有实质意义上的个体。这正如马克思所描述的那样："只有在共同体中，个人才能获得全面发展其才能的手段，只有在共同体中才可能有个人自由。"[①] 从组织形式上看，科学活动共同体是不同的科学活动个体的集合。但是，从实质内核上看，它并不是不同科学活动个体的合

---

① 中共中央马克思恩格斯列宁斯大林著作编译局. 马克思恩格斯全集: 第1卷[M]. 北京: 人民出版社, 1995: 119.

集而是交集。科学活动个体虽依赖共同体，却并不附庸于共同体。因此，将具有特异性的不同科学活动个体凝聚在一起是科学活动共同体集体行动亟待解决的问题，也是其不得不面对的一个难题。因此，"必须是'整个的个体'，又难以是'整个的个体'"①，是科学活动共同体探索活动的逻辑悖论。

科学活动共同体不能因其行动的逻辑悖论而解体，因为它在本体论意义上要优于科学活动个体。它以"整个个体"的形式整合了单个个体的智慧、知识、资源、技能等并将其转化为公共的和共有的财富，进行群策群力式的集体化或整体化了的科学探索活动，提供了共同体内各成员学习、沟通、交流、取长补短、合作共进的平台，从而弥补了单个个体力量的不足并尽显集体协作力量的优势。因此，科学活动共同体及其内的成员需要掌握彼此之间共同生存、共同发展的关系模式和行为艺术。一方面，科学活动共同体内个体成员的个性特征确实有不利于整体团结稳定的可能，但却不应该成为彼此之间矛盾滋生的理由或借口。为维系科学活动共同体的正常运作、发挥共同体的集体优势，不同的科学活动个体需要求"同"，在共同爱好、兴趣、利益等的驱使下以"共同生存、共同发展、共同完善"为目标，分工合作、共同探索、共享其科学探索的成果。而为了促进科学活动共同体的发展，科学活动个体需要存"异"，个体在智力、专长、能力上的优势使不同个体之间可以取长补短，共同前进。另一方面，不同的科学活动共同体虽各有专长，但是彼此之间也需要相互学习，吸取对方出色的经验和沉痛的教训，加强从事相关领域科学探索活动共同体之间的合作，比如材料、化学领域的探索。此外，科学活动个体与其所在的共同体之间的关系，正如所有个体与整体之间的普遍关系一样，需要保持适度的张力。科学活动共同体所掌握的事实材料既与个体有关，是单个个体搜集和观测到的事实，又与多个个体或共同体有关，是集体搜集和观测到的事实。科学探索活动是科学活动共同体的统一行动，共同体内的个体成员通过协商和谈判制定行动方案、计划、规则及预期的目标，科学活动个体听命于共同体的指示。而在

---

① 樊浩. 道德哲学体系中的个体、集体与实体 [J]. 道德与文明，2006（3）：16-20.

共同体群策群力、共同认知之下的科学知识则更科学，更可靠。

由此可见，科学活动共同体的协同探索精神既是科学发展的必然要求，也是科学探索活动的必然趋势，它既实现了人力、物力和财力等资源的合理和优化配置，更有助于科学探索活动的开展和完善。

2. 协同探索的可能

根据各自的专长进行合理的分工是科学活动共同体构建其内和谐关系和秩序、进行协同探索活动的基础。在这样的合理分工中，每个科学活动个体"意识到我和别的一个人的统一，使我不专为自己而孤立起来；相反地，我只是抛弃我独立的存在，并且知道自己是同别一个人以及别一个人同自己之间的统一，才获得我的自我意识"[①]。首先，合理的分工不是科学活动个体的特立独行。科学活动个体是作为"整个个体"行动的科学活动共同体的一分子而存在，他们消除了彼此间的隔阂，使具有特异性的不同主体之间相互包容、相互感通。其次，科学活动共同体内的个体成员须超越"利己"的阈限即不再囿于其是否能够发挥最大的潜能或最大限度地实现自身来作为其行为的准则，而是以共同体的思维方式和是否有利于全人类的生存和发展的原则作为其行动的准则。再者，无私奉献。这不仅有利于资源的合理配置及主体间的合作，而且有其社会基础。马克思曾指出，"甚至当我从事科学之类的活动，即从事一种我只是在很少情况下才能同别人直接交往的活动的时候，我也是社会的，因为我是作为人活动的。不仅我的活动所需的材料，甚至思想家用来进行活动的语言本身，都是作为社会的产品给予我的，而且我本身的存在就是社会的活动；因此，我从自身所做出的东西，是我从自身对社会做出的，并且意识到我自己是社会的存在物"[②]。因此，科学活动主体自愿共享其劳动成果，心甘情愿地将自己的科学成果奉献给全社会和全人类。

"诚信"是科学活动共同体内个体成员联结的重要纽带，是各主体必备的

---

① 黑格尔.法哲学原理[M].范扬，张企泰，译.北京：商务印书馆，2009：175.

② 中共中央马克思恩格斯列宁斯大林著作编译局.马克思恩格斯全集：第42卷[M].北京：人民出版社，1979：122.

品德。"诚"与"信"既相互分立又相互契合。所谓"诚","诚者,天之道也;诚之者,人之道也。诚者不勉而中,不思而得,从容中道,圣人也。诚之者,择善而固执之者也"(《中庸·治国》)。诚实是天道,而做到诚实则是人道。做到诚实的人不会勉为其难地处事,也不会思索其言行是否得当,而总是从容不迫地到达中庸之道,选择善,并坚定不渝地实现善。所谓信,"信者,人言也"。"言必信,行必果。"守信的人能信守其言,并实现其言。而且,"诚"与"信"相互贯通,"信者,诚也,专一不移也"。可见,行因信,而信因诚。在科学探索活动中,诚信能"尽己之性""尽人之性""尽物之性",从而使参与科学探索活动的各要素浑然一体,并使各要素的潜能得到最大程度的发挥。"惟天下至诚为能尽其性,能尽其性,则能尽人之性。能尽人之性,则能尽物之性。则可以赞天地之化育;可以赞天地之化育,则可以与天地参矣。"诚信能使科学活动主体以"至诚"之本性示人,即以自己最真实的一面与他人交往,以诚动人从而贴近各主体之间的关联,正如《中庸》所言,"诚者形,形则著,著则明,明则动,动则变,变则化,唯天下至诚为能化"。

由此可见,合理分工是构建科学活动共同体内各成员之间和谐伦理关系和良好伦理秩序的基础,"诚信"是科学活动个体之间合作的品格,是促进科学探索活动的发展及科学理论知识形成不可或缺的品质。

第二节 科学活动主体的创新德性

面对科学活动主体在科学创新活动中出于自身利益和功利目的而造成的革故鼎新的困境及优先权的争夺,科学创新活动主体需建构革故鼎新和尊重优先权的创新德性精神以明晰继承与创新的关系和对待科学成果的态度,从而更好地促进科学的发展。

一、科学活动主体革故鼎新的精神

科学创新活动中革故鼎新的困境，即革故的阻力和创新的艰辛，驱使科学创新活动主体树立起革故鼎新的创新精神和创新德性。为此，科学创新活动主体在创新活动中须坚定革故的勇气，正确处理好继承与创新之间的关系；树立鼎新的雄伟气魄，实现创新由可能向现实的转变。

1.革故的勇气

科学活动主体的创新活动总是沿着肯定—否定—否定之否定的路径前进。肯定是对前人、同时代人、同行、同事、自己过去科学成果的继承，否定是对已有成果的怀疑、批判、变革，而否定之否定则是创新。也就是说，科学创新活动主体总是在继承中创新的，而否定、怀疑、批判和变革是继承与创新的中间环节，是科学创新活动不可或缺的重要环节，它实现了科学创新由量的积累到质的跃进，由可能到现实的转变。由上可知，科学要创新就要质疑、突破已有的知识或技术，而其革"故"的过程也是艰辛的，它必将遭遇诸多的阻挠和来自已有理论维护者的抵制。德国气象学家和地质学家阿尔弗雷德·魏格纳于 1912 年提出了"大陆漂移学说"。"大陆漂移学说"是关于地壳运动和大洋大洲分布的假说，"连小孩都可以凭直觉看出魏格纳学说的合理性"，但却遭到了地理学家们的强烈反对，他们坚持"固定论"而反对"运动说"，直至20 世纪 50 年代中期，这一假说才被普遍接受。可见，革故的勇气是科学创新活动主体必不可少的德性品质。

科学创新活动主体革故的勇气首先表现在对已知的知识或已有的技术的否定、怀疑、批判、筛选、淘汰或继承上。李四光运用力学知识研究地壳运动和矿物分布的规律，创建了"地质力学"和"构造体系"等概念，预测可能存有石油的三个沉降带，并探测和找到了大庆油田、大港油田、胜利油田等。如果李四光没有否定西方"中国贫油"断言的勇气，就不会有所创新，更不会在中国的土地上发现石油。已知的知识或已有的技术虽然随着新事实的出现、主体认识的提高等因素的变化而发展，但它们所代表的是前人的创新成果或研究的最高成就，它历经了无数个从无到有、积少成多、化旧成新的累积过程，是历史上众多科学活动主体智慧和劳动的结晶。其实，科学活动主体的整个实存"是过去世世代代的总结，是其先辈的经验和思想的结晶"①。即使是科学研究或技术研发的顶尖人才也需要继承先辈们的优良成果。科学活动主体总要继承已有的科学成果，即 "站在巨人的肩膀上"，这可以避免因重复性的劳动而导致的人力、物力和财力的浪费，使有限的资源投入新的科学研究中去。与此同时，科学活动主体须从新的视角、新的视域看问题，依据新的事实、新的证据、新的经验，进行新的实验，提出新的思想，形成新的构架等。这里的"新"是对已有理论或方法的否定，即对原有理论或方法的怀疑和批判。然而，"它的实现并不仅仅是一种畅通无阻的扩散。相反，否定的本质的行动，本质上也是一种发展了的、进行着自身区别的运动，这种运动作为有意识的行动，必须在特定的有目共睹的实际存在中把它的各个环节摊列出来，必须表现两军对垒下的一种战鼓喧天兵戎相见的暴力斗争"②。科学创新活动主体对已有理论或方法的否定，不是抛弃，而是一种扬弃，即保留了其中合理的、仍然有其科学价值的方面，摒弃了其中不合理的方面。由于那些被科学创新活动主体否定的理论或方法也许是在历史中长时间存在的东西，也许曾经是获得普遍公认的东西，也许是已经得到权威机构或部门认可的东西，因而，对其否定需要极大的勇气。否则，就无法创新。托勒密的"地心说"对天文学界进行了长达 1500 年的统治，如果没有革故的勇气，哥白尼也就不会提出"日心说"。

科学创新活动主体革故的勇气还表现在与已有理论维护者的抗争上。某个科学活动个体或某一科学活动共同体在某一科学领域中取得了突出的成果。正因为这些成果，他们在各自的角色扮演中是成功的典范，理应得到社会的承认和认可，受到来自他人、团体的表扬、推崇、喜爱和尊敬，而他们也在自我的实现和他人的颂扬中体味到无以伦比的优越感、喜悦感、满足感和幸福感。为此，他们竭力维护和捍卫自己已获得的成就，成为与新兴势力相对立的守旧势

① A.J. 赫舍尔. 人是谁 [M]. 隗仁莲，译. 贵州：贵州人民出版社，1994：101.
② 黑格尔. 精神现象学：下卷 [M]. 贺麟，王玖兴，译. 北京：商务印书馆，1996：85.

力。守旧势力不仅指涉先前的科学活动个体，还包含各种形式的科学组织。科学创新活动主体要有所创新就要鼓起勇气与维护和捍卫原有理论或方法的守旧势力进行斗争，打破守旧势力对其发展和创新的束缚，建立有利于新的发现和发明的新团体、新体系、新机构等。新兴势力与守旧势力在做出妥协之前的争斗是互不相让的、激烈的、不死不休的。没有与守旧势力相抗衡的决心和勇气，没有与守旧势力一决生死的胆量，没有与旧势力斗争到底的勇气和毅力，也就无所谓创新。

由此可见，科学创新活动主体在革"故"中只有鼓起勇气与已知的知识或已有的技术、与守旧势力做斗争才能有所创新。因此，革故的勇气是科学活动主体创新必不可少的德性品质。

2. 鼎新的气魄

在已有的科学发现和发明的丰硕成果之上有所创新是异常艰难的。为此，科学创新活动主体在科学创新活动中应具有鼎"新"的气魄。

创新意识是科学创新活动主体创新的起点和关键。幻想和想象对科学创新活动有很大的助益，它们能启迪科学创新活动主体的思维，拓宽科学创新活动主体的视界，但却不是科学创新活动的全部源头。科学活动主体的创新意识主要源于已知的知识或已有的技术，是从原有的知识、技术或方法中析出新的东西。从"故"到"新"的意识的跃迁需要科学创新活动主体具备鼎"新"的魄力。这种魄力集中体现在科学创新活动主体大胆怀疑已知知识或已有技术、小心求证新事物、慎重采用新技术上。怀疑是一种审慎的科学态度，是科学创新活动主体否定已有成果的创新意识的开端。它以已知的知识或已有的技术为对象，企图发现旧事物中不合理的因素，是对原有知识、技术、体系等的否定。否定并不是对已有的东西的简单抛弃，而是变革和继承相统一的扬弃，是新发现和新发明的肇因。科学创新活动主体怀疑的大胆程度与其创新意识的强弱呈正相关的关系。科学创新活动主体对于从其所怀疑的已有的东西中滋生出来的新事物需要加以小心的求证、对于新技术要慎重采用，找到怀疑萌发的合理性根据，验证怀疑的合理性限度，以获得新的发现和发明。

科学创新活动从"故"到"新"的艰难跃迁是其创新道路荆棘遍布的表现。所以，科学创新活动主体需要具有鼎"新"的气魄。从时间上看，由"故"到"新"的科学创新活动是一项长期而又艰巨的任务，它需要几十年、几代人甚至几十代人为此付出艰苦卓绝的努力，没有持之以恒的精神气质，没有顽强的毅力，没有绝不屈服、永不放弃的意志信念，就会临阵退缩，不能有所突破、有所创新。从过程上看，科学创新活动主体可能会遭遇到无法预估的风险和无法预知的挫折。如果就此止步，将会一无所获、无所作为，更谈不上创新。从困难程度上看，科学创新中革故的阻力与创新的艰难时时相伴，新旧较量从来没有止息过，如果科学活动主体没有百折不挠的创新精神，没有坚忍不拔的创新意志，也就很难实现创新的目标。巴斯德的细菌说遭受到了业界的抵制，李斯特（Joseph Lister）的消毒法无人问津，而塞麦尔维斯（Ignaz Semmelweis）所提倡的医生在妇科检查前需用氯溶液洗手的做法也受到了医学界的排挤，他本人甚至被看作疯子。如果他们就此止步，也就没有创新了。塞麦尔维斯直至死亡仍然坚持医生检查前要消毒，李斯特用实验证明石炭酸可以用作消毒剂，巴斯德最终说服医学界相信了细菌的真实存在。

　　新发现或新发明是科学创新活动主体鼎"新"魄力的现实展现。具有创新意识的科学创新活动主体从事科学创新实践活动的目的是将创新的可能变为现实。严格意义上来说，在新发现或新发明出现之前，科学创新活动还只能归类于科学探索活动，它总是由未知向已知无限地迫近，这一过程孕育着创新的无限可能，它其实是为创新奠定基础或做好准备。但是，只有当真正到达了已知，创新的可能才会转化为现实，也才能实现真正意义上的创新。如果没有将创新的可能转化为现实的鼎"新"的魄力，那么科学创新活动主体也就永远无法实现创新，而所谓的科学创新活动主体也永远无法等到实至名归的那一天。

　　科学创新活动主体鼎"新"的气魄贯穿于科学创新活动的整个过程之中，它影响着创新的实现，是科学创新活动主体创新德性的表现，是其必备的德性品质之一。

二、科学活动主体尊重优先权的精神

尊重优先权是科学创新活动主体在对待前人、同时代人、同行、同事及自己过去的科学成果时所应遵循的道德规范，是科学创新德性精神的具体体现。它能使科学创新活动主体在博采众长的基础上革"故"鼎"新"。

1. 尊重优先权

作为科学创新成果社会承认的最高形式，优先权一直是科学创新活动主体梦寐以求并为之不懈努力和争夺的东西。关于优先权的残酷竞争虽激化了前人、同时代人、同行、同事及过去的"我"之间的利益矛盾和冲突，但尊重优先权却是对科学创新活动主体所作出的基本的道德要求，是其应遵循的道德规范，因为优先权是科学创新活动主体通过创造性劳动获得的、受到社会承认的权利。尊重优先权实际上就是尊重过去的我、他人、集体及他们的劳动成果，它有助于融洽科学创新活动主体与前人、同时代人、同行、同事及过去的"我"之间的伦理关系。

首先，尊重前人的优先权。在出场时间上，前人是占先的，要早于后来者。前人的科学成果作为已知的或已有的成就嵌入后来者的意识之中以供后来者学习、借鉴。即使是当时不受重视的发现和发明也是值得尊重的。被誉为现代遗传学之父的孟德尔虽然首先发现了遗传规律，但其成果在其死后 16 年才因德·弗里斯、C.E. 科伦斯、E.von 切尔马克的再次发现而公诸于世。孟德尔首次发现了遗传规律理应受到后人的尊敬，其他三人也因尊重孟德尔的劳动成果、不居首功而受到世人的敬仰和颂扬。有时，前人虽因客观条件不成熟或主体能力有限等而未完成某项科学发现或发明，但此发现或发明却是由其首次提出的，其所付出的劳动也为进一步发现和发明积累了材料，并给予了后来者或多或少的启迪。在这种情况下，剥夺或掩盖前人首次提出的权利似乎也不怎么合适，不管这是否出于故意。对前人的成果视而不见、故作不知或占为己有的做法都侵害了前人的正当权利，阻碍了发现或发明的传播和改进，造成了科学创新的混乱局面。

其次，尊重同时代人的优先权。同时代人是指生存于同一个时代中的人，可以指不同行业的人、同行、同事，以及过去的自我等。他们分布于不同的空间中，独立或合作完成某项科学发现或发明。对于不同行业人的发现或发明虽未必有深入的了解，就像黑箱的存在一样，但是其首创性或独创性却是值得维护和尊重的。生物医学技术对于业内人士来说是专业性的和熟识的，之于不同行业的科学活动主体或普通人来说却是晦涩难懂的，但这并不影响大众对生物医学技术的崇敬和赞叹。关于优先权的争夺最经常地发生在同时代同行的发现或发明中，即发生在同一时间独立完成某项发现或发明的科学创新活动主体之间，其所造成的影响也是异常恶劣的。但同行之间对待优先权的问题也有很多值得借鉴的例子。达尔文和华莱士都是生物进化领域的专家。早在19世纪30年代，达尔文就提出了生物进化的思想和自然选择的学说，并进行了深入细致的研究。当达尔文正着手于书写文稿的时候，华莱士先于他将有关生物进化的论文寄出。达尔文非但未与华莱士争夺优先权，反而将此优先权让与华莱士，而华莱士也未提出任何关于优先权的要求。达尔文与华莱士的优先权之"让"体现了二人高贵的品质、高尚的节操，并成为一段佳话，广为流传。伦敦林奈学会甚至以正反两面印有达尔文和华莱士头像的奖章鼓励在生物医学领域做出贡献的杰出科学家。并肩作战的同事在研究或研发中彼此共享很多资源，但由于资质、研究切入点、搜集资料的详尽、付出的劳动等的差别，他们的创新也有先后顺序。优先权的争夺有可能会使同事之间处境尴尬、关系紧张、冷漠以对、隔阂颇深，彼此防备、壁垒分明。此外，人也有三种时态，即过去式、现在式、将来式。现在的"我"是从过去的"我"中一步步走来的。重复过去的成果，止步不前、故步自封，对于自我的成长来说，百害而无一利。只有尊重自己过去的成果，一点一滴地累积才能有所进步、有所创新。

优先权是对前人或同时代中的不同行业、同行、同事及自己过去的斐然成就的称赞。尊重优先权不仅使科学创新活动主体尊重并继承已有的成果，还使其因尊重他人成果而受到他人的尊重。尊重是相互的。尊重与被尊重，作为处

理人与人之间关系的重要道德原则和品质，能够融洽科学创新活动主体之间的
伦理关系，促进科学的发展。

2. 尊重及其超越

尊重优先权是科学创新活动主体创新德性的具体体现，这不仅体现为对
前人或同时代中的不同行业、同行、同事及过去的"我"的创造性劳动的肯定，
对其成果的承认、尊重和继承，而且表现为在此基础上，博采众长的开拓创新。
因为只有博采众长才能使科学创新活动主体视界更为宽广、知识更为渊博、思
维更加敏捷、创新能力更强。

科学创新活动主体对已有的科学发现或发明成果的优先权的尊重以学习、
引用、借鉴等形式实现，其认识也正是在这一继承和积累的过程中逐渐形成和
提升的，它经历了一个从无知到有知、从知之甚少到知之甚多的发展历程。已
有的成果是科学创新活动主体认识的渊源，然而能进入科学创新体系的只能是
新的发现和发明，是与已有成果相异的新成果。所以，敢于开拓的德性精神是
科学创新活动主体必备的品质。从已有的成果中析出新的东西极不容易，但方
法有很多种：一是从新的视角、新的视域看问题，增进或改进已有的成果并创
造出新的东西，即跟随创新。如瓦特根据水开时壶盖的跳动发明了蒸汽机，在
此研究的基础上，1807 年美国人富尔顿制造了蒸汽机船，1829 年史蒂芬孙铸
造了蒸汽机火车头。二是整合、集成已有的研究成果创出新的知识或技术，
即集成创新。以手机的发展为例，1902 年美国人内森·斯塔布菲尔德制成了
第一个无线电话，1938 年美国贝尔实验室研制出了第一个移动手机，1973 年
马丁·库珀将手机由军用推向民用。第一部手机 DynaTAC 8000X 有 2 磅重，
售价将近 4000 美元，通话时长却只有半个小时。之后，手机技术不断改进，
从笨重到小巧，从外置到内置，从蓝屏到彩屏，从傻瓜到智能。智能手机是目
前手机发展的集大成形式，是当前手机创新史上最伟大的成就，它除了具有原
有的接打电话、收发短信的基本功能外，还可以上网、玩游戏、聊天、听音乐、
看电影、安排日程、定闹铃、收发邮件、查看日历等多重功能。三是在熟知已
有发现和发明的基础上开拓出前无古人的新成果，即原始创新。法国科学家阿

尔贝·费尔和德国科学家彼得·格林在确认以前确实没有发现"巨磁电阻"的情况下申请专利，并于 2007 年获得诺贝尔物理学奖。上述三种方式均是科学创新活动主体敢于开拓的德性精神的体现。

尊重优先权表明了社会对第一位创造出某项科学成果的科学创新活动主体的肯定、承认和敬重。然而，这并不意味着科学创新活动主体就要安于现状并致力于维持现状。创新是在继承的基础上有所突破，否则也就无所谓创新了。因此，勇于进取、超越现状是科学创新活动的本质要求，是科学活动主体创新德性的具体体现。

此外，科学创新活动主体还要尊重自己过去的研究成果并努力超越自我。自我是最难以超越的存在，因为自我日趋成熟的知识体系、思维习惯、研究方法等是不会轻易改变的。自我过去的成就有可能是其创造的巅峰而难以有所突破和创新。因此，要超越自我就要不断地积累新的材料、扩充新的知识、采用新的方法、开拓新的视域，而不是浅尝辄止、无所作为。

尊重是实现超越之目的的手段。科学活动主体的创新德性就是要超越，不仅要超越前人、现状，还要超越自我。科学正是在科学创新活动主体尊重优先权、超越优先权的活动中发展和前进的。

第三节　科学活动主体造福人类的德性

处于"自然—人—社会"系统中的科学活动主体与系统中的自然、人、社会等要素休戚与共。作为自然存在物和社会存在物，科学活动主体要培养敬畏自然的德性自觉，树立推动社会发展的德性责任，并设法促进人的全面发展，以此实现造福人类的科学目的。

一、敬畏自然的德性自觉

作为自然存在物，科学活动主体以自然为其活动的重要元素之一。自然不仅为科学的产生和发展储备了丰富的资源和能源，而且还为其提供了基本的环境条件。科学活动主体敬畏自然的德性自觉正是在其中产生的。生态学有利于科学活动主体从生态系统的全局和整体出发，变更以往的以人类为中心的与自然"相对"的强势关系为排斥人类中心主义的与自然"相与"的和谐关系；改变以往的以科学为轴心的状态，正视人类存在和生存不可或缺的生态环境。

1. 科学—自然互为依托的德性自觉

人包括科学活动主体是由自然界演化而来的，其运作机理也需合乎自然规律；科学活动主体仰仗自然生存和生活，自然能为科学活动主体提供其能生存而不至于死亡的基本资源和能源，太阳、水、氧气、植物、动物、森林、矿藏等都是自然之母赋予宇宙生灵的宝贵财富。况且，科学活动主体向来以自然为对象创造更适合人类生活的人工自然物及人工自然界；科学活动主体除了与自然进行物质和能量交换之外，还将自然视为其赖以生存的场所。毫无疑问，作为科学活动的重要元素，自然为科学活动主体提供生活资料和生产资料，而科学活动主体的自然属性又使其永远无法摆脱自然而存在。科学活动主体与自然的不解之缘就存在于这种相"分"相"合"的辩证运动中。

在科学活动主体与自然相"分"相"合"的辩证互动中，科学活动主体逐渐获得了与自然界的相处之"道"，即科学活动主体能够自觉觉解到与自然的相互依赖关系，并能与之融合为一，即所谓的"天（自然）人合一"。

中西方在天与人的关系上各有侧重。起初，古神话时期的中国与西方的古希腊具有相近的天人观，即"天人合一"，此时，无论是中国还是西方均力图实现"天"与"人"的贯通与合一。只不过，中国的"天人合一"是以"人"合于"天"，"人在天地间，由地出发，通过德性的修养与弘扬，涵融人我与万物，接于天地，达到天人合一"①。在此基础上发展起来的科学首倡务实性，科学活动主体"体"天、"顺"天，以服务于国家和社会需要为旨归，大力发展与政权、农业以及军事等相关的科学，并创造了西方望尘莫及的科学知识，

---

① 樊浩. 中国伦理精神的历史建构 [M]. 南京：江苏人民出版社，1992：33.

如中国古代天文学和数学就遥遥领先于西方。而西方则主张以"天"合于"人"。正如普罗太戈拉所言，"个人是一切事物的衡量；存在者之存在、不存在者之不存在，标准并存于个人"①。在人与自然交互作用中，人的主体地位得以彰显，自然得以深入地探究和开发。从古希腊时期开始，西方就致力于探究自然运动、变化的原因。从某种程度上说，西方科学萌芽于古希腊，其最初形式是自然哲学。此时，科学活动主体就以"用"天为己任，大力发展科学。在这种自然观的指引下，科学最终从哲学中分化出来，产生了真正意义上的科学。从此，中西方的科学沿着不同的发展轨迹前进。长久以来，中国人坚持在整体上把握天与人的关系，人是自然的一部分，科学发展缓慢，而西方人则倡导分别对天与人进行探讨，以"人"为核心、为"主体"，试图控制和操纵自然，并最终由"天人合一"走向"天人分离"，正如马克思所言，"这种主体，不是以纯粹自然的、自然形成的形式出现在生产过程中，而是作为支配一切自然的那种活动出现在生产过程中"②。及至近代，西方科学迅速发展起来。科学创造了西方经济发展史上的一个又一个神话；科学提升了西方国家在全球范围内的政治话语权；科学叩开了落后国家的大门。正是基于科学的威势，全球掀起了一场由西到东的科学浪潮。人类凭借科学，摆脱了依赖自然的动物式的生存方式，转而生存于科学创造的人工自然之中。人类，尤其是科学活动主体，通过科学控制自然。从这个意义上来看，科学的进化与自然的退化相伴相生，如水污染、水资源紧缺，大气污染、空气质量差，森林锐减、土地沙漠化。科学活动主体试图控制自然环境，不料却遭到自然环境的反控制，受制于自然环境。正如马尔库塞所指出的那样，"在现存的社会中，尽管自然本身越来越有效地被控制着，但它反而变成了用来控制人的另一个层面，成为社会延展出来的手臂及其对人的抗力。商业化了的自然界、污染了的自然界、军事化了的自然界，不仅在生态学意义上，而且在实存本身的意义上，切断了人的生命氛围。这样的自然界阻挠

---

① 柏拉图. 泰阿泰德·智术之师 [M]. 严群，译. 北京：商务印书馆，1963：37.

② 中共中央马克思恩格斯列宁斯大林著作编译局. 马克思恩格斯全集：第46卷 [M]. 北京：人民出版社，2003：113.

了人从环境中得到爱欲宣泄（以及变革他的环境），剥夺了人与自然的合一，使他感到他在自然界之外或成为自然界的异化体。这样的自然界也使人看不到自然界有其自身存在权利的主体———一个应当共处于人性宇宙中的主体。要取消这种对自然界的剥夺，并非可以通过把自然界引向给人提供大量的享受，以及让人自发地或有组织地在一起生活的方式而得以解决———这种试图只能添加对自然界的侵犯"①。以破坏自然为代价的科学发展迫使人们从对自然的控制中重新回到对人类和自然之间关系思考的轨迹上来，也就是说，要遵循自然，重现天与人的合一。"我们多大程度地遵循自然，取决于我们在多大程度上改变我们的环境，取决于我们在多大程度上以一种鉴赏力将环境融入我们的生活方式，取决于我们离自然有多近。"②

作为自然存在物的科学活动主体离不开自然，自然为科学活动主体提供生活资料、生产资料和环境保障，而科学活动主体敬畏自然的德性自觉正是在其中生成的。

2. 生态视域下科学—人—自然和谐的德性自觉

作为科学探索或创新活动的主体，科学活动个体与科学活动共同体一刻也离不开自然，他们与自然之间具有更为切近的关联，因为他们是以自然为依托而展开活动的。然而，作为解释自然的主要力量，科学活动主体的创造作用与破坏作用并存。毋庸置疑，自然系统是可循环的生物链。然而，处于生物链条中的科学活动主体则更为关注事物的单线性因果关联，也就是说，他们更注重使用推理、实验及试验等方式和手段以获得理论性的科学知识与实践性的科学产品。在这种情况下，自然相对地被漠视了，科学与自然发展中的矛盾也被激化了。

生态学正是在反思自然→人→科学、人→科学→自然、科学→人→自然这三种关系模式及科学—自然发展悖论的基础上历史地突现出来的。"生态学"一词首现于 1866 年。但是，这并不代表此前的人类不关注自然生态。人类的

---

① 赫伯特·马尔库塞.审美之维 [M].李小兵，译.桂林：广西师范大学出版社，2001：121–122.
② 霍尔姆斯·罗尔斯顿.哲学走向荒野 [M].刘耳，叶平，译.长春：吉林人民出版社，2000：47.

生态智慧早已蕴含于漫漫的历史长河之中。只不过当时的自然危机并不足以引起人类的关注和重视或者说生态学是人类在经历了伤害自然所产生的剧痛之后而进行的深层次反思的产物。它以整个地球生物圈层为质点，强调保护自然生态环境，关注生态系统之间的内在关联，重视生态系统的平衡，从而为人类谋求更好的生存和发展空间。从生态学的视角出发有利于实现手段善与目的善、个体善与总体善的辩证统一。

自然是科学活动之源，也是科学活动主体征服和改造的对象。在科学活动中，科学活动个体与科学活动共同体通过作用于自然从而实现了主客体的统一。这种主客体关系或者对象性关系是不对等的关系，在主体性统治下的科学活动强调自然对人的有用性，主张自然的一切应为人服务，具体表现为科学活动主体对自然的暴力和控制。然而，从某种意义上说，被以科学为轴心的活动所损害了的自然是不能复原的，所污染了的环境是不易修复的，所破坏了的生态系统是难以平衡的，这些生态问题使科学活动陷入前所未有的危机之中并威胁着人类的生存和发展。但是，科学活动究其本质是科学活动个体与科学活动共同体所从事的以自然为征服和改造对象的、具有内在目的性的实践活动，而这种内在目的就是善，即"为人类谋福利"，实现人的幸福。但是，由于科学活动进行时不全是向善的，有时它以伤害人类赖以生存的自然为手段和代价，因此其最终也无法圆满实现科学活动善之目的。生态学有利于科学活动主体从生态系统的全局和整体出发，正确对待和处理与自然之间的关系，变更以往的以人类为中心的与自然"相对"的强势关系为排除人类中心主义的与自然"相与"的和谐关系；有利于改变以往的以科学为轴心的状态，正视人类存在和生存不可或缺的生态环境，从而为科学活动提供更好的生态氛围，即与大自然和谐相处，以达到天人合一的最高境界。

在科学探索与创新活动中，科学活动主体之善表现为与自然为善。作为科学活动中最为具体的、最直接的主体，科学活动个体之善是对其自身而言的善，具体表现为每一个科学活动个体在作用于自然的过程中所进行的自我保存与自我实现的活动，即维系科学活动个体自身所处的自然环境，并通过作用于自然创造出不凡的科学成果以实现自身的价值和意义；而因共同利益、共同意志和共同信念结合而成的科学活动共同体之善则是在整体上而言的善，也就是说，是对科学活动共同体内部的每一个个体来说都是普遍适用的、需要共同遵守的善，它是共同体得以维系的纽带，旨在保护人类共同生存的自然生态环境、维护人类整体的利益、确保人类的绵延不息。然而，鉴于各个共同体组成方式、性质、规模的差异及每一个个体特性角色的多重性，不同的科学活动共同体之间又拥有具体的善。众所周知，世间只有一个地球，我们在地球上共存，共同拥有天然自然，共同建造人工自然，共同分享由各种自然因素构成的生态环境。因此，维系自然的生态平衡和可持续发展对于科学活动个体或科学活动共同体来说都是值得欲求的总体上的善，它不仅关乎当代人的切身利益，还关涉后代人的长远利益。可见，在科学—自然中，个体之善与共同体之善并不是完全分离的，它们是辩证统一的。个体之善以共同体之善为指导和依据又不失多样性和差异性，而共同体之善则以个体之善为根基又不失普遍性和一般性。然而，为了充分实现自我并获取更多的利益，在自然资源有限的情况下，科学活动个体及科学活动共同体不可避免地参与到竞争中去以抢占和掠夺自然财富，伤害了人类共有的地球，侵犯了他人或共同体在地球中原有的权利。生态学有利于科学活动个体与科学活动共同体正视自身在科学—自然中所处的位置，遵循自然、善待自然、保护自然生态以达于天人合一的境界为最高目标，自主地决断其活动，并自觉为其行为负责。

从生态学的视界出发彰显了科学活动主体"保护环境、珍爱生命"的精神气质及"改造自然、发展科学"的卓越能力，表征着科学活动主体"为人类谋福利"的道德品质，体现了科学活动主体"自知、自主、自觉"的责任意识。

二、推进社会发展的德性责任

科学活动主体是社会存在物。科学与社会中的政治、经济、文化、意识形态等构成了一个整体系统。科学—社会的共同发展是科学活动主体不可推卸的德性责任。而作为系统中的、包含普遍性的特殊的科学活动主体理应处理好主体间的各种关系，以实现不同主体间的共在、共生、共存。

1. 科学—社会共同发展的德性责任

如前所述，科学活动离不开自然，自然为科学活动提供资源和环境保障。因此，作为科学活动主体的人与自然之间结成了密不可分的关系。但是，科学活动主体只有作为社会中的人才能从真正意义上占有自然。这是因为就科学活动主体与社会的关系而言，其一，科学的产生和发展源于社会的需要，恩格斯在《致瓦·博尔吉乌斯》中指出，"社会一旦有技术上的需要，则这种需要就会比十所大学更能把科学推向前进"[①]；其二，科学产生之后又反作用于社会，鼓舞社会进一步开展生产和再生产活动，促进社会物质文明和精神文明的发展；其三，科学活动的实现离不开一定的社会条件。社会是一个庞大而又复杂的有机体。这一机体是由诸多的子系统构成的，其中包括经济、政治、文化、思想等子系统。这些子系统交互作用，并由科学统一形成不可分割的整体系统。因此，科学的发展、科学活动主体德性的生成离不开社会。

工业革命以来，科学、技术及生产之间的关系越来越密切，科学技术化、技术科学化、科学技术生产化的趋向越来越明显。"自十九世纪末以来，标志着晚期资本主义特点的另一种发展趋势，即技术的科学化趋势日益明显。……当技术的发展随着现代科学的进步产生了反馈作用时，科学技术及其运用结成了一个体系。……科学情报资源从军事领域流回到民用商品生产部门。于是，技术和科学便成了第一位的生产力。"[②]科学技术直接的、首要的目的就是追求经济利益和社会效益，推动生产力的发展，因此，科学技术是社会生产力的核心。科学技术是第一生产力，是最重要的社会经济部门。而且，科学活动的实现与否取决于一定的经济条件。从事科学活动的主体需要购买一定的实验器

① 中共中央马克思恩格斯列宁斯大林著作编译局.马克思恩格斯选集:第4卷 [M].北京:人民出版社,1972:505.
② 尤尔根·哈贝马斯.作为"意识形态"技术与科学 [M].李黎,郭官义,译.上海:学林出版社,1999:62.

材，搭建实验平台，组建实验团队，制定实验的目的，预测实验过程中的问题，预设实验所实现的目的，考虑实验的可行性和实验所产生的后果及其经济价值。而完成这一科学活动所需的人力、物力、财力无一不与经济基础发生直接或间接的关联。因此，经济是科学活动的制约因素。

政治是经济的集中表现，随着科学作为第一生产力地位的确立，科学成了政治控制新的方式，"这种根本不同的新的生存方式决不能被设想为经济、政治变革的副产品，不能被设想为构成必要前提的新制度的多少带点自发性的效果。质的变化也包含着这一社会赖以建立的技术基础的变化，这一技术基础通过把作为管理的侵略对象的人'第二本性'固定下来而维护社会的经济政治制度。工业化的技术是政治的技术；由此，他们预先就判断着理性和自由的种种可能性"[1]。科学成为国与国之间进行政治和利益博弈的重要手段，谁在科学发展上占有优势，谁就掌握了政治话语权。正如马尔库塞所言，"在发达的工业社会中，生产和分配的技术设备由于日益增加的自动化因素，不是作为脱离其社会影响和政治影响的单纯工具的总和，而是作为一个系统来发挥作用的。这个系统不仅先验地决定着装备的产品，而且决定着为产品服务和扩大产品的实施过程。在这一社会中，生产装备趋向于变成极权性的，它不仅决定着社会需要的职业、技能和态度，而且还决定着个人的需要和愿望。因此，它消除了私人与公众之间、个人需要与社会需要之间的对立。对现存制度来说，技术成了社会控制和社会团结的新的、更有效的、更令人愉快的形式。这些控制的极权主义倾向看起来还在另外的意义上维护着自己：把自己扩展到世界较不发达地区，并造成资本主义发展与共产主义发展之间的某些相似性。"[2]与此同时，科学受到政治的制约。科学活动是一种政治活动。"就科学家个人或团体力图影响社会而言，它是在进行政治活动。……在另一方面无论是政治家们或是他们背后的势力本身都是无法充分理解或者明白如何去发挥科学的潜力，必

[1]　赫伯特·马尔库塞.单向度的人——发达工业社会意识形态研究[M].刘继，译.上海：上海译文出版社，1989：17.
[2]　赫伯特·马尔库塞.单向度的人——发达工业社会意识形态研究[M].刘继，译.上海：上海译文出版社，1989：6.

须由某些对科学和政治都具有充沛知识、能把两者结合起来的科学家来协助他们。"① 因此，科学无法保持中立，"保持中立就会使科学本身不再是一种活生生的力量，因为即使科学没有遭到取缔，它也不再能吸引一切思想活跃和有探索精神的人员了"②。

现在科学日益成为一种意识形态和文化机制。正如霍克海默指出，"科学之所以是意识形态，是因为它保留着一种阻碍人们发现社会危机真正原因的形式……所有掩盖以对立面为基础的社会真实本质的人的行为方式，皆为意识形态的东西"③。"各种具体的科学学科，收集证据时的冷静态度，每一因素对于促成最终结果都在量的方面起一定作用的多重因果关系的处理方法，对于偶然性的要素和统计上或然率的一般理解，这些都有成为人类各种活动的背景之势。同时，历史、传统、文学形式和直观再现，都将越来越属于科学的范畴。科学所反映的世界面貌虽然不断地变化，但是每经一次变化就变得越加明确和完整，在新时代中一定会成为一切形式的文化的背景。"④ 然而，思想和文化对科学发展具有反作用。科学活动主体思想水平及文化素质影响着科学活动的进程和实现。中国古代社会重农抑末，轻视手工业，所以中国进入封建社会之后科学发展速度缓慢。即使有所发展，也主要是发展那些与农业有关的科学，比如天文学、冶金术、数学等。

科学促进了社会经济、政治、思想、文化的发展。与此同时，社会中的经济、政治、思想、文化又反作用于科学。一方面，经济、政治、思想、文化为科学的发展提供物质和精神上的保障；另一方面，它们又约束和制约科学的发展。因此，正确对待和处理科学与社会之间的关系有助于使科学活动主体肩负起推动社会发展的德性自觉，并努力实现科学与社会的互维性发展。

2. 主体间情境下各主体融洽相处的德性责任

科学活动主体在探索、创新和造福人类的交往实践中形成了复杂的主体间

---

① J.D. 贝尔纳. 科学的社会功能 [M]. 陈体芳，译. 桂林：广西师范大学出版社，2003：470.

② J.D. 贝尔纳. 科学的社会功能 [M]. 陈体芳，译. 桂林：广西师范大学出版社，2003：471.

③ 马克斯·霍克海默. 批判理论 [M]. 李小兵，译. 重庆：重庆出版社，1989：5.

④ J.D. 贝尔纳. 科学的社会功能 [M]. 陈体芳，译. 桂林：广西师范大学出版社，2003：479–480.

关系。而在主体间情境下的科学活动个体、科学活动共同体及社会中的人共同存在于紧密相连的关系网络之中，关系网络中的各主体既有特殊性，又希求普遍性。

　　科学活动个体是具体的、现实的、活生生的人，他们在禀赋、出生、教养、机遇、癖性等方面表现出了极大的偶然性、个别性和有限性。作为特异性的存在，科学活动个体以满足自身的需要和利益为出发点，制定科学活动的目的，并以其为指针从事科学活动。可见，在科学活动中，科学活动个体本身就是目的，他为自己立法，并按照内心的指令行动。这样，科学活动个体所从事的具体的科学活动就成为其"乐意"为之的活动。而"乐意是由于这个人或那个人在感觉上接受的主观原因，通过感觉对意志发生影响，而不是作为理性原则，而为一切人所接受"①。然而，科学活动个体出于私利希冀将属己的指令上升为普遍的法则。假若每一个科学活动个体都认为自己占有了德性并意愿将其视为普适的规范和准则，那么，一方面，伴随着统一的道德标准的丧失，德性危机也就应运而生了；另一方面，稳定的、内在于科学活动个体的德性也无法形成。实际上，具有特异性的科学活动个体之间是可以感通的，"特殊的人在本质上是同另一些这种特殊性相关的，所以每一个特殊的人在本质上是同另一些这种特殊性相关的，所以每一个特殊的人都是通过他人的中介，同时也无条件地通过普遍性的形式的中介，而肯定自己并得到满足"②。这使不同的科学活动个体具有相同的或相近的德性，并为他们提供可以相互合作和共生共存的可能和基础。

　　诚然，科学活动个体由于其所具有的特异性、偶然性和个别性而任意地规定自身，自由地设定活动的目的，自主地从事科学活动，并自发地评判活动的效果。从表象上看，科学活动始源于科学活动个体的主观任意性。因此，某些科学活动个体将其随心所欲的行为看成是自由的，也就是说科学或科学活动是绝对自由的，这不仅表现在科学活动个体观念上的自由，还表现为其行动上的

---

① 伊曼努尔·康德.道德形而上学原理[M].苗力田，译.上海：上海人民出版社，2005：31.
② 黑格尔.法哲学原理[M].范扬，张企泰，译.北京：商务印书馆，2009：197.

自由。然而，科学活动个体是一种类存在物，他所固持的是一种类的存在状态，"人的'类存在'状态，意味着作为个体的人不可能单独地存在于社会之外，意味着他在社会中必然会把自己的生命融入于社会的价值之中，而人从纯粹的个体走向具体类本性的个体，同样意味着人与外部世界完成了本质的统一。类存在状态也就是人与他人、人与社会、人与世界，包括人与自身完成了的本质的统一的存在状态。人的'类关系'也就是人与他人、人与社会、人与自然的内在统一（或者是否定性统一）的一体性关系"①。作为类存在物，科学活动个体必须回归他的类本性，即科学活动个体需要"成为一个人"。而人是一个普遍性的概念。由于人的普遍性，具有特异性的不同个体之间可以共生共存，"人的普遍性标志着人的需要域和满足人的需要的对象域之间的统一，标志着人的生存的时间空间界域，从而也标志着人赖以生活的自然界的范围"②。由于人的普遍性，具有特殊性的不同个体之间在实践活动中结成了一系列的社会关系。"人的普遍性包含着许多规定，最主要的在于人是以'自由的自觉的活动'即实践来表现其'类特性'的实践存在物，是在普遍的社会联系中生活和活动的社会存在物，因而人的普遍性就是人的普遍的实践本质和社会本质。这种普遍的本质又决定了人的需要与满足需要的本质力量与活动方式的普遍性。"③在科学活动中，不同的科学活动个体结合起来并形成科学活动共同体；而在社会活动中，科学活动主体与社会中的他人休戚与共构成了社会共同体。科学活动个体受到科学活动共同体与社会共同体的规定和限制，不同的科学活动共同体和社会共同体既有特殊性又有普遍性，而科学活动个体、科学活动共同体、社会中的他人又共同生活于宇宙之中。可见，当科学活动个体与科学活动共同体秉持其特异性而任意规定自身、任性而为的时候，他们恰恰是不自由的，因为他们是受普遍性约束的特殊存在，而"受到普遍性限制的特殊性是衡量一切特殊性是否促进它的福利的唯一尺度"④。共同体的德性是其内部成员对德性

① 余潇枫. 人格之境：类伦理学引论 [M]. 杭州：浙江大学出版社，2006：86.
② 夏甄陶. 论人的普遍性 [J]. 哲学研究，1992（10）：3-14.
③ 夏甄陶. 论人的普遍性 [J]. 哲学研究，1992（10）：3-14.
④ 黑格尔. 法哲学原理 [M]. 范扬，张企泰，译. 北京：商务印书馆，2009：198.

和善的广泛一致的看法，因此它对其内的每一个个体成员具有普遍的效力。在主体间情境下，不同的科学活动个体与科学活动共同体既具有特殊性又希求普遍性。而特殊性与普遍性又是不可分割的，"普遍性和特殊性两者都只是相互倚赖、各为他方而存在的，并且又是相互转化的。我在促进我的目的的同时，也促进了普遍物，而普遍物反过来又促进了我的目的"①。这样，由于科学活动个体既是科学活动共同体中的一员，又是社会中的公民，还是宇宙中的存在，而科学活动共同体既是社会中的组织，又是宇宙中的存在，因此科学活动个体与科学活动共同体既具有特殊的目的，又拥有相同的目标；既需要安顿自身的生命秩序，又需要维系共同生活的社会秩序。

实际上，科学活动并非是科学活动主体导演的独幕剧，它依托于他人及整个人类，并为他人及整个人类的生存和发展提供物质和环境的保障。现代西方著名哲学家恩斯特·卡西尔在揭示科学的巨大力量和影响力的同时，也指出了科学与整个人类的关系。在他看来，"科学是人的智力发展的最后一步，并且可以被看成人类文化最高最独特的成就。它是一种只有在特殊条件下才可能得到发展的非常晚又非常精致的成果。……在我们现代世界中，再没有第二种力量可以与科学思想的力量相匹敌。它被看成我们全部人类活动的顶点和极致，被看成人类历史的最后篇章和人的哲学的最重要主题"②。因此，从这个意义上来说，一方面，作为科学活动的主要承担者和执行者，作为当今世界最强力量的代表，科学活动主体是当今世界人类命运的真正执掌者。在这一层面上，科学活动主体之于他人来说，是一种至关重要的存在。因为科学活动主体操控、宰制着他人，甚至整个人类的生活图景与历史走向。另一方面，作为人类中的一员，科学活动主体与他人、与整个人类的命运息息相关。在这一层面上，科学活动主体之于整个人类来说，是被包括、被涵盖的。与之相对应的，科学活动主体的活动是"为人"的活动，也就是说，科学活动主体不能撇开他人、整个人类而独立存在。科学活动主体的活动是在科学活动主体与他人、与整个人

---

① 黑格尔.法哲学原理 [M].范扬，张企泰，译.北京：商务印书馆，2009：199.

② 恩斯特·卡西尔.人论 [M].甘阳，译.上海：上海译文出版社，2003：263.

类构筑的关系网络中进行的。只有在与他人、与整个人类的交往中，在错综复杂的关系中，科学活动主体才能确证自身的价值。此外，科学活动主体不仅承载着满足自身物质需要和精神文化需求，促进自己所处年代长盛久安的现实使命（代内关系），还肩负传承历史文明（科学活动创造的物质文明和精神文明）的历史使命和维持及确保子孙后代生生不息的未来使命（代际关系）。

不难看出，科学活动主体因其所从事的科学活动的复杂性和重要性而被赋予了至高无上的地位和荣耀，但是切不可忽视其与他人的"共在性""共生性""共存性"。

三、促进人全面发展的德性本质

科学活动主体在科学活动中始终以人为目的，以促进人的全面发展并实现人的幸福为旨趣。人（包括科学活动主体）的全面发展不仅表现在其作为德性生命的生长，即身与心的汇通、情与理的融通、知与行的合一，还表现在"必仁且智"的品格上。

1. 德性生命的生长点

身与心汇通、情与理融通、知与行合一是包括科学活动主体在内的人的德性生命的生长点。它无疑有助于关注科学活动主体自身的身体健康，关心发自其内心的情感感受，重视其思维外化为行动的力量，维护身体所处的自然—人—社会系统的和谐，从而促进自身的全面发展。

（1）身与心的汇通

所谓身（body）意指人或动物的生理组织的全体。按照现时解剖学的观点，人体是由皮肤系统、神经系统、运动系统、呼吸系统、循环系统、消化系统、内分泌系统等十大系统组成的复杂结构。身之所存不仅是个体生命迹象的表征，而且还是个体进行各项思维活动和实践活动的生理基础。个体的形象思维活动与其身体感受直接相关，个体的抽象思维活动虽然可以超越肉体的局限性，但其最终仍囿于身体的感觉阈和生命的极限值，而实践活动更是个体的亲身践履体验。因此，从某种程度上来说，身体是一种本体性的存在，是个体生命存在的表现形式，是一切生命活动的载体。科学活动主体也同样地囿于其肉身而存在。然而，人的身体构造虽然大致相同，但是每一副躯体都有其各自的特点和生命所能承受的极限，而且归因于后天的培养和锻炼，人的身体机能也存在着些微的甚至较大的差异。相较于一般人，科学活动主体具有更敏锐的观察能力、较强的动手能力、更为卓越的思维能力和丰富的想象力。这样说来，身体又具有个别性、有限性、差异性和特殊性。因此，健康的体魄对于科学活动主体来说是至关重要的，它是科学活动主体进行一切生命活动的根本保证和生理基础。

关于"心"，中国古代哲学家曾赋予其至高无上的地位。他们认为，心理活动理当发于"心"，原因有二：其一，心是实体性的存在，是主宰人身的思维器官。虽至清代，王清任以"脑髓说"对此观点进行了批判，但其仍在中国历史中发挥着重要的作用；其二，从抽象意义上来说，心超越了思维器官的限定，具有了先验的道德本性。孟子曰："人皆有不忍人之心。……所以谓人皆有不忍人之心者，今人乍见孺子将入于井，皆有怵惕恻隐之心。非所以内交于孺子之父母也，非所以要誉于乡党朋友也，非恶其声而然之。由是观之，无恻隐之心，非人也；无羞恶之心，非人也；无辞让之心，非人也；无是非之心；非人也。恻隐之心，仁之端也；羞恶之心，义之端也；辞让之心，礼之端也；是非之心，智之端也。人之有四端也，犹其有四体也。有四端而自谓不能者，自贼者也；谓其君不能者，贼其君者也。凡有四端于我者，知皆扩而充之，不足以事父母。"（《孟子·公孙丑上》）董仲舒在《春秋繁露·循天之道》中指出："凡气从心；心，气之君也。"明初王守仁也提出："致吾心之良知者，致知也；事事物物皆得其理者，格物也；是合心与理而为一者也。"（《答顾东桥书》）明末刘宗周受陆王影响，将心与天地万物相比照，认为心是天地万物的精神本体。他说："通天地万物为一心，更无中外可言。使天地万物为一本，更无本心可觅。"（《刘子全书·语录》）中国古代哲学不仅强调了心作为道德本性

科学活动主体德性研究

的重要性，而且还衍伸出了心与情的关系，并使之趋于明朗化。"心"与"情"紧密相连，"情"是心的存在本身，是"心"的存在及其活动状态。此外，虽然每个人的心各异，但它们之间又是相通的，出于自然的情感，又不反乎自然，能为彼此理解、认同、接受，因此心具有普遍性的特点。

虽然中国哲学家对"心"的描述确有失当之处，身体的特殊性与心的普遍性、"身之异"与"心之同"也使自我处于永不停歇的矛盾纠葛之中，但同时却又睿智地指出了"心"与"情"、"情"与"身"之间的内在关联。首先，就情感的产生而言，它是内在于肉体的精神，斯宾诺莎将"情感理解为身体的感触，这些感触使身体活动的力量增进或减退，顺畅或阻碍，而这些情感或感触的观念同时亦随之增进或减退，顺畅或阻碍"[①]。"情绪活动是全身心的，与人的内分泌、中枢神经活动、大脑边缘地带和身体内部微量元素及化学反应等都有关，无论如何，情绪是身体的"，"大脑皮层、边缘系统、内分泌系统与自主神经系统和种属神经系统之间的联系直接参与情绪活动，机体、内脏活动、微量元素的变化也与之相关"[②]。从这个意义上来说，身与心是合一的。正如英国美学家鲍山葵在其《美学三讲》的序言中所言："当一个'身—心'整个出现在经验里，我相信这就是我们所谓的 feeling 的主要特征。"[③] 其次，情感受身体所处的环境的影响。环境是情感生成的情境，处于不同环境中的主体可能会产生不同的情感。除此之外，情感也以身体为最直接的表达方式，用来显示主体喜、怒、哀、乐、爱、惧、欲等及或肯定，或否定，或赞成，或批判的态度，面部表情、语言表达、肢体动作、直接行为均是内在情感的外部显现，甚至于情感的间接的表达方式也与身体相关。

情感与身体相关，二者既对立又统一，既相互区别，又彼此依赖，在交互作用中共同发展。正如在《人类情感论》中指出的那样："情感与身体、感觉的联系使情感植根于自然，成为人类精神现象中变幻不定而又确定不移的基础，

① 斯宾诺莎.伦理学[M].贺麟，译.北京：商务印书馆，1958：98.
② 杨岚.人类情感论[M].天津：百花文艺出版社，2002：57-59.
③ 鲍山葵.美学三讲[M]原序.周煦良，译.上海：上海译文出版社，1983：1.

118

精神的超越性最终被身体的感觉阈、生命的极限值所限定，延伸人的体力与脑力的工具系统大大拓展了人身自然的疆域，但只要人还是以生命形式（恩格斯：生命是蛋白质的存在方式）存在，精神就还是有根的，精神与肉体、与自然的联系和矛盾就存在，身体是精神的本体论基础，情感是整个精神世界的基石，这是人文因素始终会、也必然能限定和制衡野性的科技因素的根本依据。"①

科学活动主体德性的生发与生长过程是科学活动主体身与心交互作用的结果。囿于身体的感觉阈和生命的极限值，只有当"身—心"整个出现在科学活动中，只有在"身—心"交互作用中，才会产生科学活动主体的德性。

（2）情与理的融通

科学活动是探索、创新和造福人类的活动，它汇聚了"求真""臻善""达美"的德性。

"求真"是感性认知和理性认知综合作用的成果，是科学活动主体对客观存在着的"事实关系"的主观反映。"臻善"是科学活动主体科学态度和社会目的的集中表现。"达美"是科学活动主体"求真"和"臻善"的结合，是科学美的具体体现，是科学活动主体开展科学活动的冲动力。立足于"真"的"事实关系"，科学活动主体建构了科学活动中"善"与"美"的"价值关系"。因为"价值关系"带有较强的主体主观目的性和主体主观色彩，从而使主体性得以彰显，并继而生发出了主体的德性情感，德性情感是主体对价值关系的主观反映。可见，在应用研究和开发研究中，既体现了科学活动的客体向度，同时又凸显了科学活动的主体向度。科学理性与德性情感紧密相关，它们始终处于不可分割的相互作用之中，彼此依赖，互补互助。

在科学活动中，科学理性与德性情感虽不可相提并论，并各有偏颇，但二者始终处于不可分割的辩证运动之中。首先，科学理性有利于科学活动主体德性情感的生成和发展，它构成了德性情感生成的基础。科学理性使科学活动主体能够充分利用自身的卓越才智体悟自身、自然及社会生存与发展的需要，在

---

① 杨岚. 人类情感论 [M]. 天津：百花文艺出版社，2002：62–63.

此基础上创造科学知识、创新技术手段、创设更美好的生活环境。这一过程始终蕴含着科学活动主体的主观态度和主观体验。其次，德性情感是精神活动的起点，是理性活动的推动力。情感是先天的，与生俱生的，"人要成为理性的动物，过理性化的生活，就应当'扩充'自己的道德情感，只有道德情感是自己本有的，就像人之有四肢一样"①。而且，情感具有可理解性，"见父自然知孝，见兄自然知悌，见孺子入井自然知恻隐"，这样，情感自然地渗透到主体之中，并在主体之间产生了情感上的共鸣，情由感而动，因感而通，感通使人能够获得"共同的情感"（同感）。科学活动主体凭借其敏捷的才思、卓著的能力，更易于生成共通的和共同的德性情感，这便成为科学活动主体在科学活动中合作和协作的基础。再者，科学活动主体的德性情感可以物化为科学知识、技术产品、工具等，并成为人类生命、生存、生活的基础。因此，德性情感具有理性的形式，它能够通向理性，本身就是理性的，同时，又是理性的实现。因此，对于科学活动主体来说，将理性与德性情感连接起来有利于沟通主观世界与客观世界，能更好地促进科学活动和人类的发展。

科学活动主体不仅是理性的动物，而且是情感的动物。对"事实关系"的主观反映产生了理性认知，对"价值关系"的主观体验和个体态度生发了德性情感。科学理性与德性情感是科学活动主体必备的心理现象和心理能力。科学活动主体不能执守于一端而忽视另一端，二者彼此依赖，互补互助，缺一不可。"合理的、正确的人的行为，总是既合乎理性，又出于情感，是理性和情感的和谐一致，是人的许多本质力量的精美的结合和统一。人之所以为人，既在于他有理性，又在于它有情感。"②

（3）知与行的合一

科学活动是科学活动个体与科学活动共同体所进行的实践活动，它受主体意识或精神的支配。德性作为科学活动主体意识或精神中最为突出的部分，在精神的受用上，既体现了科学活动主体的知识与智慧，又再现了科学活动主体

① 蒙培元.情感与理性 [M].北京：中国社会科学出版社，2002：80.
② 高岸起.论情感在认识中的作用 [J].南京师大学报，2000（5）：82-86.

求真、崇善、达美的持久品格。然而，对于科学活动主体来说，只拥有德性是远远不够的或者说是不能自足的，因为"一个人在睡着时也可以有德性，一个人甚至可以有德性而一辈子都不去运用它。而且有德性的人甚至还可以最操劳，而没有人会把这样一个有德性的人说成是幸福的，除非是要坚持一种反论"①。同样地，在科学活动中，拥有德性的科学活动主体不一定践履它，而践履它的科学活动主体也不一定能获得相应的效果。在此种情况下，科学活动主体可能只是思想上的巨人、行动上的侏儒。既然这样，科学活动主体就需要在现实的实践活动中确证自身的德性，并将潜在形式的德性转化为现实形式的德行。

将内在的德性外化为德行并在德行中确证德性体现了科学活动主体德性的内在要求。德性与德行是不可分离的，德性是德行的依据，德行是德性的外化。既然科学活动不是一种盲目的行动，它是科学活动主体运用德性展开的实践活动，那么科学活动主体践履德行的活动就是一种符合德性的趋善或向善的科学活动，从这一角度来看，科学活动与德性活动应当是同一的。然而，科学活动主体在化德性为德行的科学活动中却遭遇了两重困境。

其一，科学活动是多种多样的，相应地，科学活动的目的也呈现出多重样态。然而，每一种科学活动的目的都指向某种具体的善，科学探索活动旨在"求真"并形成准确无误的知识，科学创新活动致力于知识和技术等的创新，造福人类的科学活动关注人类的幸福。而在这些具体的善之上有一个最终的善或最高的善。"最终的善有总体的性质，因而更高的目的都包含了所有低于它的目的。"②这样，具体的善需要服从于或服务于最高的善或最终的善，即为人类谋福利和实现人类的幸福。虽然"善"是科学活动主体所希求的普遍目的，但是实现目的的行为或手段却是个别的、多样的。科学活动主体可以根据自己的意愿选择这样的行为或选择那样的行为，可以选择使用这样的手段也可以选择使用那样的手段。科学活动的目的是普遍的，而其行为则是个别的，这样，不同的科学活动主体就可以选择不同的手段或行为以实现同一目的，选择之"多"与目的

①　亚里士多德.尼各马可伦理学 [M].廖申白，译注.北京：商务印书馆，2008：12.

②　亚里士多德.尼各马可伦理学 [M].廖申白，译注.北京：商务印书馆，2008：4.

之"一"增加了科学活动中德行践履的难度。人们习惯于将之归为人的多样性及选择的多样性，然而选择是在科学活动主体能力范围之内的事情，它最能体现科学活动主体的存在状态，即他们是有德的还是无德的，是善的还是恶的，是好人还是坏人。可见，科学活动主体要在德性的指导下选取正确的手段和行为统摄德行以实现所希求的目标，才能有效地克服这些困境，促进科学活动的良性运作。

其二，科学活动总是在某一既定的"自然—人—社会"系统中进行的，而系统之于科学活动主体来说具有不可选择性和变动性。此外，系统内科学活动主体的德性也是多种多样的，他们既有具体的德性，也有德性之整体，既是分立的，又是统一的。因此，如何在变动不居的系统中践履德行也是科学活动主体面临的难题之一。"对象世界林林总总，难以穷尽，人所处的境界也往往变化不居，如果逐物而迁，滞泥于具体境遇或境遇中的偶言偶行，则往往不仅不胜纷劳，而且亦难以保持行为的一贯性。惟有立其本体，以德性为导向，才能使主体虽处不同境遇而始终不失其善。作为真诚的人格，德性表现了自我的内在统一，在此意义上，德性为'一'；德行则是同一德性在不同社会关系与存在境遇中的多方面展现，故一可视为'多'，这样，以德性统摄德行，亦可说是以一驭多。不妨说，正是自我的内在德性，担保了主体行为在趋善这一向度上的统一性。"[1]

科学活动虽然是多样的，科学活动主体虽然是多元的，科学活动主体的德性虽然是多维的，但是科学活动的目的却具有普遍性，其所处的"自然—人—社会"系统是不可选择和变更的，因此科学活动主体的德性也具有自我内在的统一性和相互关联性。事实上，科学活动主体是在系统中行进着的"关系"主体，单个德性的存在离不开德性之整体。归结起来就是，系统中的整体德性之"一"可以统驭具体德性之"多"与德行之"多"。而德性与德行又是紧密联系的。德行是德性的外在确证，它以德性为依据，受德性所支配，依德性而选

---

① 杨国荣.伦理与存在——道德哲学研究 [M].上海：华东师范大学出版社，2009：165.

择活动。科学活动主体以德性统摄科学活动并使之转化为德行，从而消解"一"与"多"的矛盾和冲突，实现了科学活动与德性活动的契合。

2. 必仁且智

科学活动个体在专业素养和技能等方面表现出来的优秀与卓越使其有别于一般的个体并使其能够肩负起科学活动的重任。专业的素养和技能是个体智慧的外部表征，而智慧不仅能使个体获得专业的素养和技能，还能使其更好地从事各项活动并成为该领域的专门人才。也就是说，智慧能使科学活动个体成为有才能的人，并从某种意义上保证其科学活动完成得好。基于此，智慧是成为科学活动个体的必要条件，也是其必备的品质。然而，拥有智慧的科学活动个体虽从动物的本能冲动中解放出来，但也有再次退化为动物的风险和可能。因为智慧，科学活动个体虽具备了敏锐的观察能力、辩证的思维能力、综合的分析能力和专业的实践能力，但他们也可能恃才傲物，自以为是，目空一切，而过于骄傲或过于自负都会诱导其做出错误的决定；因为智慧，科学活动个体虽成为在各项科学活动中最杰出的人才，但他们也可能以自我为中心，不知节制，不顾甚至伤及同代人及后代人的利益；因为智慧，科学活动个体虽能够胜任各项科学活动并创造出斐然的科学成果，但也可能制造出一些无用或有害的垃圾产品，从而浪费了人类生存空间中宝贵的自然和社会资源，更甚者会给人类带来毁灭性的灾难。如此，科学活动个体虽然具有卓绝的才能，但他可以表现为缺乏教养（德性），可以作"恶"，还可以创造出危害人类的科学产品。也就是说，科学活动不一定造福社会、造福人类，也可能是反社会、反人类的，而这归因于现代性道德危机下个体德性的式微。现代社会是一个极具包容性的社会，它允许社会中的各元素（包括德性）朝着多元化的方向发展。然而，作为类存在物，不同的科学活动个体共生共存于同一个宇宙中。他们需要共同维护其所在的宇宙秩序，共享其中的资源，并通过实践活动建立千丝万缕的联系，在各项活动中共同合作。而这就自然需要一个最高的执法者或一个统一的德性标准，而自从"上帝死了"之后，统一的德性标准也丧失了。在德性的多样性和德性的统一标准丧失的情况下，谁也无法充当"上帝"这一角色并行使它的权能。于是，科学活动个体开始衡量智慧与德性在实现幸福的活动中所占据的权重。毋庸置疑，智慧是科学活动个体所必须具备的、首要的、先决的条件，它使一个人成为有才能的人，并保证其活动的顺利进行。实际上，智慧本身就是一种理智德性，"智慧是一种理智德性，没有这种理智德性，品格中的任何德性都难以践行，实践理智需要善的知识，理智德性是通过教育获得的"①。所谓"活到老，学到老，改造到老"，教育贯穿于个体生命历程的始终。然而按照人生阶段的不同，个体所受教育的形式又有所不同。婴幼儿由于在心智上的不成熟和不独立而不得不在家庭中接受启蒙教育。可以说，家庭是教育的策源地，父母是孩子的第一任老师。在家庭教育中，孩子的心智得以生长，但是同时也刻上了家庭环境、出身背景、经济条件、教育方式的印记而成为富有个性的特异性的存在。青少年时期，学校教育成为主要的教育形式。历经十几年的寒窗苦读，子女经教育从自然的质朴性和特异性中解放出来，从而成为有才学的人、有教养的人并获得了自由的人格。通过学校教育，个体建构了内在于自身的知识体系、价值观念和人生取向，从而为成就科学活动个体做好了准备。离开学校，他们又不得不在社会这所大讲堂中接受教育和历练。在社会中，个体接受职业教育、成人教育等形式的教育，不断提升自身的学识和智力水平。不过，像阿那克萨格拉斯、泰勒斯及其他有智慧的人一样，虽是理智的但不一定是明智的，不一定能做出明智的决定，也不一定获得幸福，"因为人们看到，这样的人对他们自己的利益全不知晓，而他们知晓的都是一些罕见的、重大的、困难的、超乎常人想象而又没有实际用处的事情，因为他们并不追求对人有益的事务"②。可见，对于科学活动个体来说，只拥有智慧或理智德性是不够的或不足的，正如爱因斯坦所言，"我对任何追求真理和知识的努力都抱着敬意和赞赏之情，但我并不认为，道德和审美价值的缺乏可以用纯粹智力的努力加

---

① 阿拉斯代尔·麦金太尔.德性之后 [M].龚群，等译.北京：中国社会科学出版社，1995：16.
② 亚里士多德.尼各马可伦理学 [M].廖申白，译注.北京：商务印书馆，2008：176.

以补偿"①。智慧与德性缺一不可。古代荀子一语点破了德性与智慧的关系，他说"道德纯备，智慧甚明"（《荀子·正论篇》）。司马光在《资治通鉴》里写道："夫聪察强毅之谓才，正直中和之谓德。才者，德之资也；德者，才之帅也。"黑格尔也曾说过："作为空虚的知识，是没有内容和没有规定的。"②他认为，如果没有道德德性，只强调知识，那么就可能产生伪善，产生内在的冲突和不安。而道德德性是这样一种品质，它能使某物或某人处于良好的状态，"应该这样说，一切德性，只要某物以它为德性，就不但要使这东西状况良好，并且要给予它优秀的功能。例如眼睛的德性，就不但使眼睛明亮，还要使它的功能良好（眼睛的德性，就意味着视力敏锐）。马的德性也是这样，它要马成为一匹良马，并且善于奔跑，驮着它的骑手冲向敌人。如果这个原则可以普遍使用，那么人的德性就是一种使人成为善良，并获得其优秀成果的品质"③。道德德性是个体在长期的实践活动中形成了习惯并由此养成的。大量史实也证明，"才"与"德"、"理智德性"与"道德德性"同样重要，不可轻视其中任何一个。

在当代，科学活动已不再仅仅是科学家的职业活动，而是全民性的实践活动：科学活动的出发点是人类的共同需要和福利，而不是个体的利益；科学活动个体所具有的知识、技术、能力是人类共同财富的个体化的结果；科学活动是人类相互协作、相互作用、相互影响的活动，是科学活动共同体的共同劳动；科学活动的对象是人类的共同的对象，而科学活动的成果也同属于人类全体。基于此，科学活动个体应将人类整体的利益置于最高点，严格遵守公共利益优先性的德性原则，以为人类谋福利为最高目标。

此外，科学活动成果凝结着科学活动主体的智慧，它的产生必须具备一定的有用性，无用的或未被使用的科学成果是毫无价值的。也就是说，科学活动的成果必须被公开并且得到社会的承认，而社会承认的最高形式就是专利权、

① O. 内森，H. 诺登.巨人箴言录：爱因斯坦论和平：下册 [M].李醒民，刘新民，译.长沙：湖南出版社，1992：255.
② 黑格尔.精神现象学：下卷 [M].贺麟，王玖兴，译.北京：商务印书馆，1996：168.
③ 苗力田.亚里士多德选集：伦理学卷 [M].北京：中国人民大学出版社，1999：48.

优先权及知识产权等权利的授予。而这些权利理所当然地要受到尊重和保护。这可能会产生另一个极端，即科学壁垒。科学壁垒对科学的扩散与传播及科学的发展会产生严重的影响。因此，大公无私和无私奉献的精神是科学活动主体所需的品德。

与此同时，对科学活动所引发的后果的回应也促使科学活动主体内在品德的生成。首先，科学活动的主体是人，他可以根据自己的利益要求作出自主的选择并为此负责。因此，对于科学活动个体来说，科学良心举足轻重，"良心知道它本身就是思维，知道我的这种思维是唯一对我有约束力的东西"①，"良心表现着主观自我意识绝对有权知道在自身中和根据它自身什么是权利和义务，并且除了它这样地认识到是善的以外，对其余一切概不承认，同时它肯定，它这样地认识和希求的东西才真正是权利和义务"②。其次，在科学活动中，科学活动个体虽无意作恶，但是由于手段和方法的多样性或使用不当而可能产生意料不到的恶的效果。为此，科学活动个体需具备"知善"的能力，形成"趋善"的定势及践履"行善"的活动；既需要内在的自制，又需要外在的强制。自制与不能自制相对，自制的人与不能自制的人相左，"第一，人们看来是认为，自制和坚强是好的和可称赞的，不能自制和软弱是坏的和可谴责的。第二，人们认为，自制者是遵守他经推理而得出的结论的人，不能自制者则是放弃此种结论的人。第三，人们认为，不能自制者总是出于感情而做他知道是恶的事，自制者则知道其欲望是恶的，基于逻各斯而不去追随它。第四，人们认为，节制者都是自制的和坚强的。但是有些人否认自制者都是节制的，有些人则肯定这点。肯定这点的人认为不能自制者就是放纵者，放纵者就是不能自制者，这两者不分；否定这点的人则区分这两点。第五，人们有时说明智的人不会不能自制，有时又说有些明智的人不能自制。第六，人们是在怒气方面，以及在对荣誉或财富的追求方面，说一个人不能自制"③。而德性不仅仅是一

---

① 黑格尔.法哲学原理[M].范扬，张企泰，译.北京：商务印书馆，2009：139.
② 黑格尔.法哲学原理[M].范扬，张企泰，译.北京：商务印书馆，2009：140.
③ 亚里士多德.尼各马可伦理学[M].廖申白，译注.北京：商务印书馆，2008：193.

种自制，还是一种强制。"德性是人的行为准则在履行义务时体现的力量。一切力量都是在克服障碍时才显现出来；就德性而言，这些障碍是人的种种与他的道德意图相冲突的自然倾向；因为正是人自己在实行准则的路上设置了这些障碍，所以德性就不仅仅是一种自制（因为那样就有可能是一种倾向阻抑了另一种倾向的结果），而且是依据内在自由的法则，即完全由义务观念根据其形式法则而施加的一种强制。"①此外，就科学活动的影响而言，既可能是即时的，也可能是长期的。而科学活动又与经济效益紧密相连。这样，科学活动个体更愿意将资金和资源投放到那些投入少、风险小、回馈快、收益高的科学活动中，而忽视了甚至无视了那些投入高、风险大、回馈慢、收益低但却有利于人类生存和发展的科学活动。就科学活动的风险而言，它有可能是隐性的或无法预估的。当我们正为当下所取得的成就而沾沾自喜之时，后代人却不得不为前代人的自私自利买单。可见，科学活动个体既要满足当代人生存和发展的正当权利又不损害后代人的利益，既要行正义的事又要做正义的人。而这种正义自然包括代内正义和代际正义。

综上所述，科学活动主体从自身活动的特点出发，建构探索德性、创新德性和造福人类的德性。这是科学活动主体德性的理论建构。在现实中，科学活动主体需践履德性，付诸于德行，还须建立、完善相关的德行导控和问责机制，才能养成科学活动主体的作为第二天性的德性，展示以德性为核心的人格，并提升作为人格魅力的德性境界。

---

① 康德. 康德文集 [M]. 郑保华，等译. 北京：改革出版社，1997：361.

第五章　构建科学活动主体德行机制和德性人格

科学活动主体德性的理论建构是指从科学活动自身的特点出发构建科学活动主体的探索德性、创新德性和造福人类的德性。在现实中，科学活动主体还需践履德性，即构建科学活动主体的德行机制，也就是说建立与完善科学活动主体德行导控与问责机制。这样，才能展现科学活动主体德性的人格魅力，提升其德性境界，以促进"自然—人—社会"与科学的和谐发展。

第一节　建立与完善科学活动主体德行导控与问责机制

有德性的科学活动主体并不一定运用德性进行科学活动。这就要建立和完善科学活动主体的德行导控与问责机制。

一、完善德行导控机制

科学活动主体，作为具有自我道德意识的主体，能自我调控或集体调控其德行，以实现其行为的自律。此外，科学活动主体也可以通过主管部门和媒体等他律的方式实现对其德行的导控。

1. 科学活动主体德行的微观调控

科学活动有可能反乎德性。这客观上要求作为主体的科学活动个体与科学活动共同体控制自己的德性行为或德行。有德性的科学活动个体可以通过道德自律实现对其行为的自我调控，而道德的科学活动共同体要求其内的个体成员必须具备德性，并在共同体所组建的道德场中践履德行以实现对共同体德行的集体调控。

（1）科学活动个体德行的自我调控

科学活动个体是科学德性行为直接的、现实的主体，甚至连科学活动共同体的集体行为也需要通过其内的个体成员表现出来。可以说，科学德性行为最终要落实到每个个体身上。然而，科学活动个体的行为又因其个别性而各有殊异，有时甚至会出现不道德的或反乎于德性的科学行为。这客观上促使科学活动个体通过道德自律实现对其行为的自我调控。不同于外在的强制和命令，科学活动个体的道德自律要求科学活动个体自己给自己立法、自己规范自己、自己约束自己、自己反省自己。也就是说，科学活动个体自我意识、自我觉察、自我规范、自我约束以使其行为出于德性并合于德性。

不管科学活动个体承认与否，任何科学活动都不是盲目的，而是在其自我意识的支配下进行的。通常来说，科学活动个体按照趋利避害的意愿或意向行动。趋利避害是科学活动个体行为选择的依据。"利"与"害"，即好的方面和坏的方面。不同的科学活动个体对二者的理解和感受是不同的，因为科学活动个体总是从其自身的特异性和主观性出发来看待、判断、评价事物。但是，由于主观偏好和利益分殊所造成的对利与害在认知和情感上的差异使科学活动个体出于意愿的行为完成得并不出色或完美。为此，科学活动个体需要自我省察、审视，反省自己行为的动机和理由。实际上，科学行为的动机和理由体现了科学活动个体对其行为的期待。科学活动个体期待实现科学活动的某种目标，期待圆满完成某项科学活动，期待达成科学活动的某种效果。这些期待所显现的不外乎科学活动个体行为的愿望，即耗尽科学活动个体的最大力量以顺利地、圆满地、出色地完成科学活动。这就对科学活动个体作出了极高的要求，要求科学活动个体自身有德性、其行为出于德性并合乎德性。

主体与其行为无法相分，它们展现出相互对应的关系，并具有内在的一致性。以此类推，有德性的科学活动个体所践行的是合乎德性的科学活动。主体德性与其德行不可分割，"德性不仅对行为包括德性行为具有重要的作用，而且能使行为成为德性的，成为德性行为，而德性行为就是道德的或正当的行为。

德性是行为成为德性行为的前提条件，因而也可以说是德性行为的前提条件。没有德性，行为不可能成为德性的；没有德性，也就不会有德性行为"①。这实际上蕴含了德性与德行之间的辩证互动关系，即科学活动个体按其品质或出于德性去行动从而使其行为成为德性行为，而德性行为或德行又塑造和完善科学活动个体的德性。首先，科学活动个体以德性为其行为的动机和指引，也就是说，科学活动的行为要出于德性。出于德性的科学行为并不是对个体主观偏好和利益需求的否定，而是发自于内心的律令更能调动科学活动个体的主观积极性和行为能动性。其次，科学活动个体以德性为原则展开行为，并使其内在的品质在行为中表达出来。机智是聪慧的科学活动个体在行为中的表现；勇敢使科学活动个体能坚定地克服科学活动中的各种问题和困难，而不表现得怯懦；公正的品质使科学活动个体"倾向于做正确的事情，使他做事公正，并愿意做公正的事"②。其次，科学活动个体以德性为其行为的保障。科学活动因其自身的复杂性、多变性和流动性而给科学活动个体制造了诸多的困难和障碍、挫折和挑战。德性使科学活动个体具备了这样一些品质：顺境中，居安思危；逆境中，不畏艰险，迎难而上。最后，科学活动个体出于德性的行为又进一步塑造、发展和完善其德性。活动是德性生成的土壤：德性成于活动，也毁于活动，"形成、维护和完善德性的过程就是不断产生德性行为的过程，也是使德性行为成为行为习惯、使德性行为走向完善的过程"③。

实际上，科学活动个体的德性与德行相互促进、互维生长，即科学活动个体将内在的德性外化为德行，而德性行为或德行又塑造、维护和完善科学活动个体的德性。出于德性的科学行为以作为行为者的科学活动个体为中心，而不是以行为为中心，关注科学活动个体"应成为什么样的人"，而不是"应该做什么"或"应该怎么做"，从而体现了科学活动个体的自律及对其行为的自我调控。

① 江畅．德性论 [M]．北京：人民出版社，2011：515–516.
② 亚里士多德．尼各马可伦理学 [M]．廖申白，译注．北京：商务印书馆，2008：127.
③ 江畅．德性论 [M]．北京：人民出版社，2011：517.

（2）科学活动共同体德行的集体调控

无论因何原因组成的科学活动共同体都是利益共同体。共同的组织机构及共享的资源、目标、价值、规范等将具有各自不同兴趣爱好、利益追求、价值目标的科学活动个体凝结在一起。科学活动共同体虽以其内的个体成员为代言人，并通过科学活动个体来表达其思想和行为，但它不是不同个体的简单叠加，也不以个体的意志为转移，而是以"整个的个体""整体"或"集体"的形式行动。所以，科学活动共同体践履德性的德性行为是一种集体行动，它遵循集体行动的逻辑。

科学活动共同体是组织化了的集体，它将人、自然等要素纳入组织之中，形成了具有一定岗位分工、职业分化、职责任务、职场关系的组织机构。科学活动共同体的建立在很大程度上要归因于科学活动个体能力的局限及共同目标和使命的驱使。在这种情况下，科学活动共同体有可能会被误认为是其内个体成员实现目标的中介和工具，共同体内的个体成员对共同体缺乏天然的孺慕之情或归属感。科学活动个体理所当然地将那些不得不去做但有可能不道德的行为交由共同体来完成，"组织是做那些不受道德约束的事情的一种方式。正因如此，某些恶行是组织成员必定因恐惧而退缩不做的，但某种恶劣的影响实际上是不可避免的……不再是负责的道德主体，他们的道德自主性被剥夺了，并且他们被训练成了不执行（或相信）道德判断的人"①。科学活动个体为免除自身的不道德行为及责任而将其推诿给他所在的共同体的举动本身是不道德的，同时也造成了科学活动共同体的道德"出场"。然而，科学活动共同体内的个体成员依赖其所在的共同体，遵从共同体的命令。当科学活动个体绝对忠诚于其所在的共同体之时，其活动要么因共同体的道德"出场"而成为"去道德"的行为；要么因盲目地服从和听令于共同体而践履免于责任或集体无责任的不道德行为。此外，科学活动共同体内的个体成员之间在合作或竞争中所表现出来的情感态度及行为模式有可能是相左的或相悖的，他们的行为选择是自

---

① 齐格蒙特·鲍曼.生活在碎片之中——论后现代道德 [M].郁建兴，等译.上海：学林出版社，2002：304.

由的，其行为所造成的后果也是善恶两分的。共同体内的不同的科学活动个体要么同舟共济、共渡难关，要么狼狈为奸、集体堕落；要么良性竞争、互惠共赢，要么恶性竞争、两败俱伤。上述现象不仅表明了科学活动共同体道德"出场"及其内个体成员异化的可能，而且还呈现出了科学活动共同体及其内个体成员德行践履的病态模式，即科学活动共同体的"去道德"行为、科学活动个体对科学活动共同体的盲目听从、科学活动共同体内个体成员的自由选择所造成的恶劣影响等。究其原因在于科学活动共同体集体行动的逻辑悖论，即科学活动共同体既是"整个的个体"又难以是"整个的个体"。为此，采取有效措施规范和调控科学活动共同体的德行势在必行。

首先，要使科学活动共同体及其内个体成员成为道德的或具备德性的。作为利益共同体，科学活动共同体所要满足的是其内全体或大部分成员的共同利益，各成员之间结成了一荣俱荣、一损俱损的共生共荣关系。不道德的科学活动共同体与道德的科学活动个体、道德的科学活动共同体与不道德的科学活动个体是科学活动共同体及其内个体成员在道德上的不一致现象的具体表现，它们对科学、对社会、对人类来说是百害而无一利的。所以，科学活动共同体与其内的个体成员都应成为道德的或具备德性的。对于科学活动共同体来说，道德不是"出场"的，而是"在场"的。科学活动共同体是道德主体：它可以对其内个体成员进行道德教育和培训以提升他们的道德自我意识；它可以消除行为过程中对道德的盲视，规范和管理其内个体成员的德性活动从而使其行为成为道德的或合乎德性的；它可以监督其内个体成员的行为，明确行为赏罚机制以激励科学的道德行为。科学活动共同体的道德"在场"为其内个体成员提供了良好的组织、制度、管理、监督、赏罚等道德氛围，这有利于共同体及其内个体成员的道德践履行为。与此同时，科学活动个体的道德状况会影响和牵连其所在的共同体。如果科学活动共同体内的某一个体成员不具备德性或是不道德的，他有时可能会毁掉其所在共同体的全部努力而使其行为成为不道德的或反乎德性的；有时虽不足以撼动其所在的共同体，但至少会折损共同体作为整体或集体的完满性和完美性。于是，由具备德性的科学活动个体组成的道德的科学活动共同体才能进行合乎德性的而不是反乎德性的或"去道德"的行为。而使科学活动共同体及其内个体成员成为道德的或具备德性则成为科学活动共同体德行践履的前提条件和基本保障。

其次，要加强科学活动共同体道德场域建设。科学活动共同体是组织化了的职场，是由各要素集结而成的关系场，是其内个体成员活动的科学场。其一，科学活动个体以其所在的共同体为职场，他们在职场中确定自身的岗位、分工，开展科学职业活动。职场中的整体环境、机构设置、成员配备、成员间关系、道德风尚、资源的配置等直接影响科学道德活动的实施。因此，应加强科学活动共同体内个体成员的职业道德建设，明晰职业道德规范、培养职业道德操守、提升职业道德修养以形成爱岗敬业的科学职业精神；其二，科学活动个体以其所在的共同体为关系场。在关系场中，各主体通过活动联结起来。他们虽拥有共同的目标、享用共同的资源，共担活动的结果和风险，但其活动的个别性又使关系场中充满了竞争、博弈和冲突。因此，遵守基本道德原则和规范，不超越道德的底线是对其内个体成员的基本要求；其三，科学活动个体以其所在的共同体为科学场。在科学场中，科学活动个体关注其所在的共同体的整体力量，关心资源的合理配置和利用，强调科学活动最大限度地实现科学活动的收益。因此，协调科学活动的经济效益与社会的道德价值之间的关系是科学场活动的客观要求。

可见，科学活动共同体不仅要求自己是道德的行为者，而且还要求其内的个体成员行合乎德性之事。于是，只有当道德的科学活动个体在其所处的共同体道德场域中按照道德的规范和原则规定其"应该怎么做"或"应该做什么"的时候，科学活动共同体才能实现科学活动与德性活动的应然契合。

2. 主管部门德行的宏观调控

主管部门即主要管理部门并不是随着科学的出现而出现的，它起步较晚。初时的科学探索和创新活动是依个体的兴趣和爱好而展开的行动，它还不是个体为维持自己或家人生计而进行的职业活动，也不是什么大型的、需要资助的研究和应用活动，更不是能引起广泛关注的社会行为。此时，科学探索和创新活动主体自行设定其研究的意图和目的，自行决定其所使用的最佳手段，自筹经费或接受少数志同道合的人的资助，自己承担科研的后果。在这一阶段，科学探索和创新活动还没有发展成有周密规划的、大型的行为，所以其主体亦有很大的自由度和自主权，可以随心所欲地从事某项科研活动。随着科学的发展，科学直接转化为生产力的目的性越来越强、周期越来越短、速度也越来越快，科学探索和创新活动就愈加离不开国际组织、国家、经济界等主管部门的整体规划、技术支持、资金支援和风险共担。当前，一部分的科学探索和创新活动是在科研院所和高等院校中进行。科研院所和高等院校根据当前的热点和前沿问题，向院所或学校、省、教育部、国家、国际组织申请科研项目，并获取科研基金。探索真理和知识的基础研究活动尚还属于较为纯粹的为科学而科学的科研活动，它虽受制于授权单位的需要和整体的规划，但从项目的拟定、准备、可行性报告、审批、前期工作、中期审核到最后结项，科学活动主体有相对较大的话语权及对其行为较自由的裁决权或自决权。科学—经济社会的科研活动主要还是由经济界来承担的。经济界的一切行为必然是为了经济的发展服务。有"利"可图是经济界所崇奉的、最为直接的和显而易见的目标。经济界是从自己的利益出发、获得更高的利润、实现先利己后利他的目的。因此，经济界首先需要决定是否具有从事某项科研活动的必要性，即需要预估和裁定某项科研活动能否带来巨大的经济利益和经济价值；其次，它需评定从事某项科研活动的可行性，即评估将大量的资金、技术、工具、人力、物力等投入科研活动中思索和反馈其能否带来巨大的收益；最后，它需评判某项科研活动所引发的社会效应，即科研目的是否能彻底实现、科研过程是否有害、科研成果是否有益等。

可以说，科学探索和创新活动因科研院所、高等院校、经济界等主管部门的参与已与以往的科学行为发生了根本性的转变。其一，科学活动是主管部门授意和许可的行为。没有主管部门允许，科学活动很难进行。其二，科学活动是主管部门宏观调控下的行为。主管部门通过项目支持、技术支撑、资金投入等方式加大对科学活动及其主体干预的力度。其三，科学活动是主管部门统辖下的职业性行为。科学活动主体，作为某一科研角色，其行为受制于某主管部门，并被动地完成主管部门分配的科研任务。其四，科学活动是与经济利益相挂钩的行为。有利可图作为科学活动的目的直接显现出来。虽如此，科学探索和创新活动造福人类的根本宗旨却不能发生改变，也就是说，科学活动与德性活动仍须是二而一的活动，科学活动仍须是合于德性的德行。这就要求主管部门加强对科学活动德行的宏观调控。

在审批科研项目时，主管部门要以审慎的态度周全地考虑其研究价值和应用价值。科学的研究价值表现在探索真理及创新真理和技术的活动中，其应用价值表现在满足人类日益增长的经济需求、实现自然—人—社会的和谐与可持续发展、谋求人类的幸福上。在进行科研项目时，主管部门要合理配置人员、资源、资金以期最大化调动科学活动主体的积极性和主动性、最优化分配各种资源和能源、最合理调配资金。实时反馈研究情况，调整研究手段和方法，并决定适当拓展利大于弊的研究或者及时中止弊大于利的研究。在总结科研成效时，不仅要探察预定目的与实际成果是否一致，还要探究科研活动的可行性依据及改进空间，更要关注科研成果对经济、自然、人、社会等的远距离和整体性的影响。

主管部门基于其自身的性质、权利、威望等对科学活动主体德行的宏观调控属于强制性的他律行为。这有利于科学的持续、快速、稳定增长，有利于科学—经济的合理转化，有利于自然—人—社会的和谐，更有利于实现人类的幸福。

3. 媒体的监督

媒体是信息时代最为迅捷的传播途径之一，它的开放性和广泛性使其成为监督科学活动主体德行最为有效的方式之一。

科学探索活动要充分收集事实材料、经过严密的和反复的实验验证和逻辑论证以获得真理，而真理也必须经得起各方的证伪。除了实验和经验外，材料和信息是真理证伪的重要手段。媒体能够为真理的证伪提供证据，因为它是一个不容小觑的、超大容量的资料库，可以通过报纸、杂志、网络、广播、电影、电视等途径轻松收集来自世界各地的新材料和新信息。这些材料和信息是具有有限生命力和认识能力的科学活动主体没有时间、精力和能力去获取的。而用新材料和新信息证伪以获得的真理有助于查漏补缺，即查找科学探索活动中未考虑到的因素和漏洞，补足缺失的那部分内容。这样，在媒体的帮助下，科学探索真理的活动就会愈加严谨和缜密，其所获得的事实就愈趋近于真理或到达真理。

为确保科学研究的独创性或首创性，科学创新活动中的许多问题都不足道于外人，但那些首次提出的问题、优先进行的研究、最先获得的成果又必须道于外人。媒体是避免这种尴尬局面的重要途径。它用能触及世界每一个角落的媒体平台将最先的成果公诸于世以使世人获得最新的科学信息；它用舆论的压力规避优先权之争，抨击抄袭、剽窃、占为己有等不道德行为；它使世人知悉原有的科学创新成果以避免重复性的、低效率的劳动；它使世人仰慕科学创新所带来的声誉、名望和荣耀并以此激励后来者孜孜以求、不畏艰险、发奋创新。

科学研究或应用在时空中所产生的负面的、有害的、恶劣的影响可以通过媒体曝光。被媒体报道的人体实验的真相一时间引起了包括科学界在内的社会各界的关注和轰动。不管人体实验多么隐晦地促进了生物医学科学的发展，其行为都是令人发指的，因为它侵害了人的最基本的人权、生存权和生命尊严。DDT（滴滴涕）的灭虫功能有效地阻止了农业的病虫害及通过蚊蝇等传播的疟疾等病害，但它在防治疾病的同时也伤害了人的身体，因为它易溶于人体的脂肪之中，降低免疫力、扰乱荷尔蒙的分泌、减少精子的数目、使新生儿早产或体重增加，它的毒性可能会导致癌症、畸形、突变、代谢降解等疾病；它在消灭病虫害的同时也带来了诸多负面的效应，残留在土地、植物中的神经性毒剂不仅污染了环境，而且有可能使物种灭绝。DDT 的危害已经曝光，有很多国家和地区都颁布了禁用令。可见，媒体客观上反映了某项科学研究和应用的可行度、大众对其过程的赞同度和接受度及对其后果的容忍度和满意度。基于此，各科学活动主体和主管部门能引以为鉴、规避风险并实现德福的最大化。

由此可见，媒体监督有助于在他律的层面上优化科学活动主体德行，从而用舆论的力量约束和限制虚假的、不思进取的、损毁人类幸福的行为。

二、建立德行问责机制

科学活动主体需要为其出于意愿的行为选择承担道德责任。科学活动主体可以进行自我道德问责，而主管行政部门、媒体、司法部门也可以追究其道德上、行政上或法律上的责任。

1. 科学行为选择与道德责任担当

科学活动主体的道德行为选择具有多样性的特征。然而，因为科学行为选择是出于科学活动主体意愿的选择。所以，科学活动个体与科学活动共同体对科学行为的选择、科学活动的控制、科学活动后果的预见及科技成果负有不可推卸的道德责任。科学活动主体的道德责任内含对主体行为、行为对象、行为后果的道德责任及对当代人和后代人的道德负责。

（1）科学德性行为选择中的难题

科学活动主体自身的境况及其所处的客观环境，作为科学德性行为选择的条件，直接关涉科学活动是否合于德性。但是，由于科学活动主体及客观环境本身的复杂性，科学活动主体在其道德行为选择中总会遭遇这样或那样的道德难题。

首先，科学活动主体因其自身的复杂性而选择不同的道德原则为其行为的依据。任一科学活动主体都具有各自不同的具体利益要求，都希求某种善或德性。当某一科学活动个体或共同体试图将其所具有的德性无限扩大为普适的道德原则之时，隶属于某个个体或共同体的道德原则就成了判断科学行为正当与否的标准。同时，科学活动共同体由于其内部个体成员在形式上和组织上的联结而具有共同德性或善的精神实体，它要求其内成员都要遵守共同体的道德原则和行为准则。其次，科学活动主体因客观环境的复杂性而选择不同的道德原则为其行为的依据。客观环境中的各事物及各事物运行的规律和发展现状预定了可能会发生的科学活动及其后果。科学的道德行为不仅需要使科学活动主体合理调配客观环境中的各种资源和能源，还需要其遵循客观环境中各事物的运行规律；不仅需要其按规律办事，还需要其判断科学活动及其后果。科学活动主体的主观意志必然牵涉其中。这样，科学活动主体可以根据各自的意愿在不同的环境下作出不同的选择。

不同的科学活动主体在同一处境下所依循的道德原则及行为准则是不同的。同一科学活动主体在不同的处境下所依循的道德原则及行为准则也有所不同。阿尔弗雷德·伯纳德·诺贝尔兼有多重身份。当他是化学家和发明家时，研究炸药、发现真理、发明专利是其科研行为的道德准则和依据；当他是工程师时，制造机器、改进技术是其技术创新行为的道德准则和依据；而当他是军工装备制造商，生产军工产品是其科技行为的道德准则和依据。观其一生，因其多重身份及在不同处境下的不同道德选择，诺贝尔不可避免地陷入了内心的道德冲突与外在的行为纠葛之中。诺贝尔物理学奖获得者马克斯·普朗克是量子力学的创始人之一，在目睹了科学家的苦难后，坚持科学研究，执着于造福人类。

此外，不同的科学活动主体在不同的处境下及同一科学活动主体在不同的处境下的情况也有所不同。科学活动主体的道德行为选择势必随着主体心智的不断健全和完善及客观环境的变更而变化。

上述观点并不是强调科学德性行为选择的相对性与稳定性的式微，而在于说明科学德性行为选择中可能会出现的难题。科学活动主体结合自身境况，如自身心智、社会身份、国家制度等，针对所处客观环境，所作出的选择体现了科学活动选择的自主性、自觉性、自知性、自愿性。因此，科学活动主体应为此负道德上的责任。

（2）科学活动主体德性行为选择的责任

科学活动主体根据自身境况结合客观环境所作出的科学行为选择是出于其意愿的选择。出于意愿的科学德性行为选择主要表现在：其一，这种选择是科学活动主体自知的行为选择。科学活动主体能够凭借自己的能力，通过思考、推理、预估等手段，知晓科学活动的动机、目的、计划、过程及可能的后果等，从而在众多的科学行为可能性中选择符合一定道德原则和道德规范的行为。科学活动德性主体自知的行为选择是对无知的和盲目性的行为的否定与克服，它保证了科学活动的可操作性和可控制性。其二，这种选择是科学活动主体自觉的行为，而不是无助境况下的被迫选择。以造福人类为指针，科学活动主体在明了科学活动的主客观条件之后能主动地选择一定的科学活动，能洞见该活动的可能后果，并预估该行为对"自然—人—社会"系统及其内各要素的影响。自觉的科学行为选择充分体现了科学活动主体的主观能动性、前瞻性和自律性。其三，这种选择是科学活动主体自主的行为。对于科学行为的选择，科学活动主体有自己的见地，他或他们排除了来自外界的干扰，自行确立科学行为的动机、目的、计划、实施方案，遵循自己认定的道德原则和规范，并对自己的行为负责。自知、自觉、自主的科学行为选择体现了科学活动主体自由选择的权利，是科学活动主体意愿的自由表达。

即使科学行为选择有可能是科学活动主体在被迫或无知的情况下所作出的决断，它也不能说其是违反意愿的自由选择，因为"行为是出于意愿的还是违反意愿的，只能就做出行为的那个时刻而言。因此，那个人的行为是出于意愿的，因为发动他的肢体去行动的那个始因是在他自身之中的，而其初因在人自身中的行为，做与不做就在于人自己。所以，这些行为是出于意愿的，尽管如果抛开那个环境它们便是违反意愿的"①。种因得果，"责任最基本的条件是因果力量，包括：行为影响世界；这种行为要受行为者的控制；行为者在一定

---

① 亚里士多德.尼各马可伦理学 [M].廖申白，译注.北京：商务印书馆，2008：59.

程度上能预见行为的后果"①。正因为行为者对行为的选择、控制和预见力量，所以行为者必须对其行为及行为可能引发的后果负责。

出于责任的科学行为选择才有道德价值。因为，"一种行为只有是出于责任，以责任为动机，才有道德价值。仅仅是其结果合乎责任、与责任的诫律相符合，而以爱好和其他什么个人目的为动机的行为，则无多大道德价值，甚至于完全没有道德价值"②。

那么，科学活动主体应对什么负责、负什么样的责任、怎样负责是科学德性行为选择的题中之义？因为"在找不到正确责任载体的情况下，谈论道德责任，显然缺乏着力点"③，换句话说，也就是谁来问责，向谁问责。

2. 德行问责机制建设

谈及责任，就要追问谁来问责、向谁问责、问什么责。科学活动主体德行的问责机制是对反乎德性的行为及其否定性后果的一种责任追究方式。科学活动个体—共同体、主管部门、媒体、司法部门都可作为问责的主体对科学活动主体反乎德性的行为问责。问责机制的建构有利于规范科学活动，敦促科学活动主体践履德行并最终实现人的幸福。

（1）科学活动主体间的道德问责

基于科学活动个体与科学活动共同体都是科学活动的承担者和执行者，二者均是科学行为的道德责任主体，都要肩负起自己的道德行为责任，都要自我问责。自我责任是追究自我的责任，自我责任"包含有两个含义：一是指'在我自己面前产生的责任'，换句话说，是自我产生的责任意识，是由于自己而不是因为其他主管或制裁机构强迫我产生的责任意识。我自己就是主管，能够对自己进行评判。为了能够对自己作出评判，我必须自己与自己保持距离，这样责任意识才能在我自己面前产生。二是指自己对自己、对自己行为的责任。

---

① Jonas Hans. The Imperative of Responsibility：In Search of an Ethics for the Technological Age[M]. Chicago：University of Chicago Press. 1985：90.

② 伊曼努尔·康德. 道德形而上学原理 [M]. 苗力田，译. 上海：上海人民出版社，2005：9.

③ 甘绍平. 应用伦理学前沿问题研究 [M]. 南昌：江西人民出版社，2002：5.

我对自己要负责"①。作为特定的、现实的人，科学活动个体对自己的行为负有直接的、明确的道德责任。而科学活动共同体则要对组织或整个个体及其内个体成员负道德上的责任。自我问责超越了"为责任而责任"的功能性责任模式，而向"出于"责任的良知责任跃进。

现时代，科学活动共同体已然取代科学活动个体成为科学活动的逻辑起点，这就导致了两种可能的不良境况，即科学活动个体责任的式微及科学活动共同体有组织的不负责任。科学活动个体之责是显而易见的，"某人在道德上是负有责任的，因为他是这些反应态度的一个适当人选。更明确地说，某个人是一个负有道德责任的行为者，因为，至少根据他的行为来判断（或者根据他的品格），他至少是某些反应态度的适当人选"②。科学活动共同体也不能随意指认责任人从而掩护真正的责任人，更不能使用普遍连带的原则从而模糊化了真正的责任人。实际上，上述两种境况都是极其危险和有害的。两种主体都不能逃避其应负的责任。科学活动共同体可以向其内的个体成员问责，也可以向共同体以外的个体或其他共同体问责；科学活动个体可以向其所在的共同体、共同体内的其他个体成员及共同体以外的个体问责，即科学活动主体之间相互问责。然而，无论是科学活动个体还是科学活动共同体都不是执法机关，所以也无法追究彼此的法律责任，所要追究的不过是道德上的责任。

科学活动主体是"自然—人—社会"系统"域"中的一分子，"道大，天大，地大，人亦大，域中有四大，而人居其一焉"（《道德经》），人只是"域"中的一部分，但却是最积极和能动的一分子，人可以通过法地、法天、法道，最终实现与自然的合一，"人法地，地法天，天法道，道法自然"（道德经）。因此，科学活动主体对自然—人—社会系统及系统中的各要素负有不可推卸的道德责任。首先，科学活动主体根据自己的需要确定了自然服务于人类的工具性质和功利性质。然而，自然亦有自己的运行规律、权利、可持续发展的需要

---

① 甘绍平．应用伦理学前沿问题研究 [M]．南昌：江西人民出版社，2002：123.

② 约翰·马丁·费舍，马克·拉维扎．责任与控制———一种道德责任理论 [M]．杨韶刚，译．北京：华夏出版社，2002：5.

及回报方式。科学活动主体不能因其自身的利益而不顾及大自然的权利，"作为一种生命形式，人自身拥有吃、营造住所并在艺术、医疗、技术这类活动中实现其潜能的生物权利，但是，尊重大自然意味着要给予所有的存在物以实现其潜能的相同机会。作为生物圈中最有力量的也是唯一的道德代理人，人类有道德责任减少他们对环境的负面影响"③。而关爱自然，就是关爱科学活动主体及人类自身。其次，科学活动主体被赋予生命和健康的权利。为了治疗疾病、增进健康、增强身体、延长寿命，科学活动主体发展生命科学技术和医学技术，尽可能地延长生命底线、挑战生命极限，提升人的能力，实现人的自由、解放和完善，有时甚至不惜违背人类自身的自然生长规律。对人的生命和身体的改造确实功不可没，但同时一些新型的、不可治愈的疾病也滋生出来，反而对人类的生命和健康产生了新的威胁。而关爱他人，就是关爱科学活动主体自己。此外，科学活动受社会需要的驱动，它作用于、渗透于、辐射于社会政治、经济、文化等各个方面，是与社会政治、经济、文化相关的科学行为。基于此，科学活动主体要对社会及与社会相关的科学行为负责。而对自然、人、社会负责的态度和行为体现了科学活动主体从对象利益出发的责任心。对于有损于"自然—人—社会"系统的和谐和发展的非道德行为，科学活动主体之间可以相互监督、相互问责。

科学活动主体之间的相互问责是自我的道德责任感和使命感的体现。一方面，科学活动主体需遵从外在的道德原则和规范。道德原则和规范以责任命令的形式规定和要求科学活动主体"应该做什么"；另一方面，科学活动主体又关注自己"应该成为什么样的人"，塑造其美德，以内在的责任感推动科学活动的顺利进行。外在的责任命令与内在的责任感由外及内，相辅相成，"'责任感'道德实践范式'并不意味着所有禁令都将消失'，相反，它通过个体对各种不道德现象'情感上的厌恶来完成个体的道德化'"④。科学活动主体之

③ 罗德里克·弗雷泽·纳什.大自然的权利：环境伦理学史[M].杨通进，译.青岛：青岛出版社，2005：188.
④ 吉尔·利波维茨基.责任的落寞——新民主时期的无痛伦理观[M].北京：中国人民大学出版社，2007：157.

间的相互问责有利于确保科学探索和创新活动的正确性及科学活动主体行为的德福一致。科学活动是一种"创造着实在,也创造着自己的未来"①的活动。所以,科学活动主体必须对"由自己的行为直接引起的"后果、"与自己的行为有着某种关联"的后果、"可以预见的"的后果、"本来是可以避免的"②的行为负责。科学活动主体承载着美好的行为意愿,旨在为人类谋福利并实现人类的幸福。然而,由于科学活动主体能力的限制,科学活动有可能超出主体的控制。科学活动主体的美好愿望有可能引发恶的后果,也有可能落空而沦落为乌托邦式的幻想。因此,科学活动主体"更应该增强对后果的自觉,这种预见性应该是整体的,需要对目的、手段、结果等诸多因素做出整体评价"③。对科学行为后果负责体现了科学活动主体的责任意识和责任感。科学活动个体或共同体"若发觉其科研活动的社会应用有可能给社会带来危害,他就应停止这一研究进程;他还不能满足于自己洗手不干,而是还应——如果研究项目还在有组织地进行的话——向有关当局或媒体通报,因为他还有通告与预防的义务"④。除此之外,科学活动主体不仅要对当代人负责,还要对未来人负责;要承担代内的责任,还肩负代际的责任。因为,"从未来主体预期的存在权利来看,我们今天作为因果主体就有一个相应的责任,这使我们要向他们负责,要使我们的影响范围伴随着我们的事业延伸到未来的时间、空间和深度中去"⑤。如此,才能保证世界及世间存在之物的永恒存在和永续发展。

(2)主管部门对科学活动主体的道德问责

主管部门,作为科学活动的主要管理和宏观调控部门,有权向科学活动主体问责,并追究其责任。而主管部门又不是执法机构,所以无法对违法乱纪的

① Jonas Hans. The Imperative of Responsibility: In search of an Ethics for The Technological Age[M]. Chicago: University of Chicago Press, 1985: 89.

② 甘绍平. 应用伦理学前沿问题研究 [M]. 南昌: 江西人民出版社, 2002: 122.

③ Jonas Hans. The Imperative of Responsibility: In search of an Ethics for The Technological Age[M]. Chicago: University of Chicago Press, 1985: 89.

④ 甘绍平. 应用伦理学前沿问题研究 [M]. 南昌: 江西人民出版社, 2002: 110.

⑤ Jonas Hans. The Imperative of Responsibility: In search of an Ethics for The Technological Age[M]. Chicago: University of Chicago Press, 1985: 41.

科学活动主体德性研究

科学活动主体进行直接的法律制裁，只能作为行政部门使用行政手段追究科学活动主体行政上的或道德上的责任而不是法律责任。

科学活动主体向主管部门申请某项科研活动时必须对其行为的可行性及行为的后果进行前瞻性的预测。这种预测是科学活动主体在度量一切现有的、客观的或现实的条件之后对其行为及行为的后果所做出的力所能及的、审慎的估量和判断。当科学活动主体的实际行为及其后果与先前的预测不相符时，也就是说，当科学活动主体具有对其行为及其后果进行前瞻性预测的能力的时候，主管部门就要责成科学活动主体负起与这种能力相当的责任，即责令其为其前瞻性的预测付出应有的责任。这种责任是一种前瞻性的责任，又称关护性责任，它是科学活动主体能力责任的体现。然而，前瞻性的预测本身自带的或然性及不确定性给科学活动主体留下了辩驳的空间，也为主管部门道德上的追责留有了余地。

科学活动是其主体所进行的系统性的行为。因此，主管部门追究的不仅是科学活动主体前瞻性的责任，更要追究其实际行为的责任。目前，科学活动主体所从事的大多是主管部门许可并分配给其承担的科研任务，也就是说科学活动主体在科学活动中具有匹配某项任务的角色设定及完成该任务的能力。作为科学探索活动的主体就要具有探索真理的任务设定，并担负起去伪存真的能力责任；作为科学创新活动的主体就要承担起创新真理和技术的任务，并具有革故鼎新的能力；科学活动主体行为还应具有满足人类正当的经济需求、促进"自然—人—社会"协调发展以实现人的幸福的任务及实现该任务的能力。科学活动主体无论是主动地还是被动地接受主管部门赋予的某项任务及所需扮演的特殊的角色都证明其具有承揽该任务自认的或实际的角色能力并应为此负责。这种责任既是划归为科学活动主体的能力责任，又是角色—任务性责任。角色—任务性责任是"指行为者从自己所扮演的角色、所承担的任务及所认可的协议中分配得来的那种责任。从某种角度来看，这相当于职业道德意义上的责任。在现代社会里，任何人都不可能游离于社会生活的体系之外，他一旦进入了人

144

类共同生活的相互作用的系统之中，社会生活的共同规则与秩序强加在他身上的那种责任便自行启动了，他几乎可以说是没有选择不负责任的余地。因为他不可能逃脱出这一先定秩序的框架之外"①。科学活动主体在其位，谋其政。而主管部门可以对在"位"的科学活动主体之"政"进行实时监控。当发现其探索、创新、造福人类的行为出现有悖于德性及人的幸福的现象之时，主管部门有权利对科学活动主体行使调控职能，责令科学活动主体即刻更改或中止其行为。如果科学活动主体仍一意孤行，那么主管有权利剥夺其承担某项目及扮演某角色的资格。

科学行为是一项以成果的"研究—应用"为主要衡量标准的活动。此时，主管部门从科研成果的使用价值出发，关注科研成果的经济效益、社会价值及对"自然—人—社会"系统的价值。对于那些可能或实际上已给人类幸福带来危害的科研成果，主管部门有权问责科研成果的责任人，并做主将其科研成果撤销、毁掉或封存起来。如果科研成果责任人不听从指令，主管部门完全可以将其从某项活动或组织中清除出去。如不加以及时阻止，主管部门也不得不负起连带责任。

现阶段科学活动共同体已取代科学活动个体成为科学活动的逻辑起点。如此，作为直接责任人的科学活动个体的责任日益隐匿，而科学活动共同体作为责任主体其责任本身具有模糊化的特征。如此，责任部门无责任主体及集体推诿责任的现象应运而生。这为主管部门对科学活动主体进行问责设置了形式上的难题。其实，科学活动个体与科学活动共同体，作为责任主体，都可以被问责。即使在难以划定责任主体或责任标准的情况下，主管部门也可以视其岗位和职责的大小、过失的轻重等度量标准对科学活动主体予以不同程度的问责。

总之，主管部门使用行政手段干预、约束、规范科学活动及其后果，并使其负起能力上的、角色—任务性的、研究—应用上的责任，这无疑有助于实现科学活动的德福一致。

---

① 甘绍平.应用伦理学前沿问题研究[M].南昌：江西人民出版社，2002：125-126.

（3）媒体对科学活动主体的道德问责

媒体是对科学活动主体进行问责的平台，它对探索、创新和造福人类的科学活动进行跟踪报道，将科学活动的责任人、责任事由、具体责任等以报纸、杂志、书籍、网络、电影、电视、广播等形式曝光在大众面前，并充分考虑到受众的赞同度、接受度、容忍度和满意度等。

科学探索活动是对诚实度要求很高的活动，它需要从大量的事实材料中通过精密的观察和实验发现原理和定律，并对其加以重复性的检验和同行评议。媒体既需要真实地报道某些科学探索活动主体的事迹和成就，又需要如实地曝光某些主体不以事实材料和观察实验为依据，捏造和篡改数据的不道德行为事实。科学研究的成果除了经过权威机构的认证外，还需要经由媒体报道、传播和监督。为此，媒体需谴责和抨击那些不端的或不道德的学术行为，比如以假乱真、弄虚作假、不正当署名或伪造学术履历等问题。诸如《纽约时报》等纸媒及"新语丝"等网站经常长篇报道或公开讨论学术不端行为。其实，谴责一部分人就意味着对另一部分人的尊重。实际上，媒体曝光科学探索活动中不诚实或不端的科学行为及其成果，并将其送上了由媒体所能波及的人来审判的道德法庭，接受他们的道德问责。

革故鼎新的科学创新活动为科学界出了一个不容忽视的难题，即在广阔的时空中如何区分"故"与"新"。媒体总是尽可能详尽地网罗并报道已有的发现和发明，尽可能灵敏地捕捉来自世界各地的新发现和新发明，并将这些以最快的速度通过各种渠道呈现在广大受众面前。媒体可以帮助受众辨明重复和创新。以网络为例。全球常用的搜索平台能一目了然地查出在某一领域内的已有研究、重复性项目申请或申报、重复性的投稿和录用情况等，期刊网站通过重复率的查询可以获知一稿多投、不注明出处或引注、侵占他人学术成果的现象等学术不端行为。媒体以无比温柔的方式告知世人过去谁发现或发明什么、谁在重复过去的成果、以什么方式重复、重复的后果是什么等。媒体发布的新成果受到全社会的监督。一经发现早就有同一或类似的研究，那么其成果的优先权也就应被撤销。其实，媒体并不在于、也无权追究某些科学活动主体的法律责任，而是通过舆论还科学研究一个良好的学术环境。

科学活动旨在实现德福上的一致。然而，德福相悖的情况因客观环境的变化时有发生。媒体是报道局部地区或全球德福悖谬的平台。民众可以通过媒体宣泄对某项科研活动及其成果应用的不满情绪和怨气。这一方面有助于各级主管部门进行宏观上的调控，另一方面便于向各级主体和主管部门问责。其实，这一问责是媒体借助舆论的力量敦促各级主体和主管部门调整科研计划和行为以更好地实现人的幸福的举措。

媒体问责实际上就是利用舆论的导向和压力侧面诱导科学活动主体自觉约束自己的行为的道德问责，它有利于科学活动主体克服研究的盲目性，因时、因事规划各项行为，以实现行为的最优化。

（4）司法部门对科学活动主体的法律问责

科学活动可以为善也可以作恶。首先，科学探索的目的是获取真理，但科学探索活动主体不能肆意对待和掠夺客体对象：毫无节制地开采自然资源和能源、破坏自然生态、猎杀自然界的稀有物种，等等。科学探索是达与幸福的重要手段。但是，知识的滥用不仅不能增进而且还减损了人的幸福。意大利化学家苏布雷罗发现的硝酸甘油既可以护卫心脏病患者又可以炸毁人类的家园，由三氧化二砷制成的砒霜既是危害人性命的毒药又是救人性命的良药，可卡因既是药品又是毒品。其次，科学创新的目的是创新真理和技术。但科学活动主体在创新时有可能抄袭、剽窃、盗用、侵占过去已有的成果。而且科学创新成果的应用也有可能引发激烈的争论，甚或侵害他人的权利和幸福。克隆技术是现代技术创新的重要标志，它分为生殖性克隆和治疗性克隆。生殖性克隆是人类生殖技术领域的创新，它突破了自然人的界限，使人活在终有一天被取而代之的危险和焦虑之中，而治疗性克隆则通过提取干细胞培养人体器官，这时人类又不得不重新思考长生不老、人口爆炸、资源短缺等问题。再者，科学研究和应用旨在实现人的幸福。然而，在不同的时空中，科学活动带给人的幸福感是不同的，要根据不同的情况作具体的分析。

显然，司法部门可以向各级主体或主管部门问责，并追究法律责任。这种责任是一种追溯性的责任。追溯性责任"亦称因果行为责任，亦即传统的过失性责任：是指行为者为其行为承担后果的那种责任。这种责任的前提是有行为者，有行为，有结果。在这种责任模式里，责任被限定在某一行为者身上，人们根据后果而追究其过失。从时间的角度来看，追溯性责任是以过去为导向的。追溯性责任是传统的、最一般的责任形式，而且往往与法律监督密切相关"①。

司法机构对科学活动主体的法律问责是一种较为严肃的或严重的问责方式，它通过罚款、量刑等法律处罚方式勒令或禁止科学活动主体停止某项具有危害或风险的科学活动，并最终为人的幸福服务。

总之，科学活动主体通过自律性的自我调控和群体调控，主管部门、媒体通过他律形式的宏观调控或舆论监督完善德行导控机制，而科学活动主体的问责机制则包括科学活动主体的自我问责、主管部门和媒体的道德问责，以及司法部门的法律问责。从德性到德行，科学活动主体形成了稳定的德性人格。

第二节　提升科学活动主体德性的人格魅力

德性是内在于科学活动主体性格中的固定要素，它近乎于习惯，并成为取代最初纯粹自然意志的第二天性。作为最人性化的状态，德性是人之为人的根本标志，是人格的核心。以德性为核心的人格是德性人格，它可以使科学活动主体处于并保持一种"适度"的状态。科学活动主体受高尚人格的感召，协调自身与"自然—人—社会"系统中各要素之间的关系，以使科学活动主体"好"并使其活动完成得"好"，从而达到崇高的人格境界。

① 甘绍平.应用伦理学前沿问题研究[M].南昌：江西人民出版社，2002：125.

一、养成作为第二天性的德性

科学活动主体的德性是在科学探索、创新和造福人类的活动中逐渐生成的，而生成了的德性又具有恒常性和相对稳定性。它不是偶然性的东西，而是"属己的、不易被拿走的东西"①。只有当德性成为一个人性格中的固定要素时，他才是有德的。"在亚里士多德的伦理学体系中，存在着一种'偶然成为的人'与'一旦认识到自身基本本性后可能成为的人'之间的重要对照。"②黑格尔也认为，"一个人做了这样或那样一件合乎伦理的事，还不能就说他是有德的；只有当这种行为方式成为他性格中的固定要素时，他才可以说是有德的"③。科学活动主体也不例外。当科学活动主体在科学活动过程中积久养成的行为方式成为其性格中的固定要素时，其德性就生成了，它近乎于习惯。"德性是习惯化的。一旦它成为习惯，它就很像是件自然的事物。如果某人久而久之学会了某些知识，知识就会最终 sumphu ē nai，字面意思是'成为一部分'。所以，德性也成为德性主体的一部分"④。

德性近乎于习惯，德性与习惯不是天生的，而是后天养成的。德性的培养是一个化天性为德性的活动，"德性的培养既以已有潜能为出发点，又首先展开为一个化天性为德性（或自然的人化）的过程"⑤。这样，科学活动主体本身固有的自然天性或人性就转化为另一种天性，即以德性或习惯形式存在的精神天性，它取代了原本存在的自然天性或本然之性或人性，成为第二天性。"对伦理事物的习惯，成为取代最初纯粹自然意志的第二天性，它是渗透在习惯定在中的灵魂，是习惯定在的意义和现实。它是像世界一般地活着和现存着的精神，这种精神的实体就这样地初次作为精神而存在。"⑥科学活动主体生活于

①　亚里士多德.尼各马可伦理学 [M].廖申白，译注.北京：商务印书馆，2008：12.
②　阿拉斯代尔·麦金太尔.德性之后 [M].龚群，等译.北京：中国社会科学出版社，1995：14.
③　黑格尔.法哲学原理 [M].范扬，张企泰，译.北京：商务印书馆，2009：170.
④　余纪元.德性之镜：孔子与亚里士多德的伦理学 [M].林航，译.北京：中国人民大学出版社，2009：147.
⑤　杨国荣.道德系统中的德性 [J].中国社会科学，2000（3）：85–97.
⑥　黑格尔.法哲学原理 [M].范扬，张企泰，译.北京：商务印书馆，2009：170.

习惯之中，"在习惯中，自然意志和主观意志之间的对立消失了，主体内部的斗争平息了，于是习惯成为伦理的一部分，也像它成为哲学思想的一部分一样，因为哲学思想要求训练精神以反对任性的想法，并要求对这些任性的想法加以破坏和克服，来替合乎理性的思维扫清道路"①。这样，德性虽异于自然天性，但是又不反乎自然天性，"人化的德性本身又不能与自然相互对峙或相互隔绝；德性一旦与自然相对峙或隔绝，便往往容易以'超我'的形式强制自我，从而成为异己的规定。因此，在实现自然的人化的同时，德性的培养还应当指向人的自然化，亦即使德性成为人的第二天性"②。德性与习惯既体现了对自然天性的超越，又不是与自然天性截然对立的，而是相互依存、相辅相成的。自然天性或本然之性为德性或第二天性的形成提供了可能，而德性或第二天性则是对自然天性或本然之性的升华。"以德性而言，它固然表现为对天性的超越，但其存在方式并非与天性截然对立：这不仅在于它往往包含着对天性的某种顺导，而且在于它惟有化为人的第二天性（近乎习惯），才能达到从容中道之境。"③

然而，作为自然天性的人性是"相近"的，而作为精神天性的德性或习惯则是"相远"的。对此，中西方哲学均做出了有力的论证：在中国，从孔子的"性相近"到孟子的"人性本善"或荀子的"人性本恶"再到"人性无善无恶"；在西方，从"人性恶"到"人人平等"。中西方历史上关于人性或善或恶的观点虽然还有很多，但却一致认为人性是相近的或同质的，要么善，要么恶，要么有善有恶，要么无善无恶。人性、自然天性或本然之性是人区别于其他一切生命物和非生命物最为显著的特征，是人的普遍规定性，是人所专有的和共有的特性，它是人之为人的标志。德性近乎于习惯。"德性与恶一旦形成，它就转化为一个人内在品格中的习惯并成为第二天性。"④但是，由于禀赋、能力及所处环境的差异，人与人之间的习惯相去甚远，有好的习惯，也有坏的习惯。

① 黑格尔.法哲学原理[M].范扬，张企泰，译.北京：商务印书馆，2009：171.
② 杨国荣.道德系统中的德性[J].中国社会科学，2000（3）：85-97.
③ 杨国荣.论道德自我[J].上海社会科学院学术季刊，2001（2）：155-164.
④ Linda Trinkaus Zagzebski.Virtue of the Mind：An Inquiry into the Nature of Virtue and the Ethical Foundations of Knowledge[M].Cambridge：Cambridge University Press，1998：116.

而德性的品质就是"在适当的时间、适当的场合、对适当的人、出于适当的原因、以适当的方式感受这些感情，就既是适度的又是最好的"①。它规定了人"是何种人"或"什么样的人"。

可见，在科学活动中，作为第一天性的人性与作为第二天性的德性同时规定着科学活动主体。人性规定着科学活动主体是人，而不是其他的东西。德性不仅发挥着人性的功能，它规定了科学活动主体是人，而不是动物，而且它还规定了科学活动主体是什么样的人才能出色地完成科学活动。"水火有气而无生，草木有生而无知，禽兽有知而无义；人有气、有生、有知、亦有义，故最为天下贵也"（荀子·王制）。总之，德性是科学活动主体的规定性，是科学活动主体之为"人"的规定性，也是科学活动主体之为"何种人"的规定性。

二、提升以德性为核心的人格

科学活动主体是复杂的、矛盾的、本性不定的生命存在，他既有异于"禽兽"之处又有沦为"禽兽"的可能和危险，既有向"神性"提升的可能又永远无法成为"神"。而德性是人的最人性化的状态，是人之为人的根本标志，是人格的核心。德性与人格紧密关联，以德性规定科学活动主体的人格，可以使其处于并保持一种"适度"的状态，二者统一为德性人格。德性人格以善、高尚、高贵等品质要求对科学活动主体做出了具体的规定，并通过德性人格的践履活动而使其高尚的德性人格固化。

1.德性与科学活动主体人格的建构

正如黑格尔所言，"人间最高贵的事就是成为人"②。然而，人是复杂的，人身之中同时具有三性，即兽性、人性、神性。人身又是矛盾的，既可以高贵如神祇，也可以低微如畜生。正如西方宗教中曾指出的那样，"上帝认定人是本性不定的生物，并赐给他一个位居世界中央的位置，又对他说：亚当……你可以按照自己的愿望、按自己的判断取得你所渴望的住所、形式和功能……我

---

① 亚里士多德.尼各马可伦理学 [M].廖申白，译注.北京：商务印书馆，2008：47
② 黑格尔.法哲学原理 [M].范扬，张企泰，译.北京：商务印书馆，2009：46.

们交给你一个自由意志：你不为任何限制所约束，可凭自己的自由意志决定你本性的界限。你好像是自己的塑造者，既有选择自由，又有光荣，能将你自己造成你所喜欢的任何模样。你能够沦为低级的生命形式，即沦为畜生，亦能够凭你灵魂的判断再转生为高级的形式，即神圣的形式"①。科学活动主体也同样如此。

首先，有理性的科学活动主体超出了动物性本能的阈限，凸显了人之为人的本色及人作为"万物之灵"的能力，他们创造了极大的物质财富，引发了剧烈的社会变革，为人类谋取了巨大的福利，使人类进入了前所未有的文明和繁荣时期。

其次，科学活动主体既有向"神性"提升的可能又永远无法获得"神性"。在科学史上，科学活动主体演绎了一个又一个激动人心的科学神话。他们，犹如神祇一样，受到世人的崇拜和景仰，并成为普遍性的存在。但是，这并不意味着科学活动主体就能成为"上帝"，具有"神性"。当前，"生而有涯"的科学活动主体仍无法摆脱自然生命的阈限而使自己"长生不老"，"类存在"的科学活动主体无法割裂与他人的联系而"独居"或"独存"。"有知"的科学活动主体虽使自己脱掉了"无知""文盲"的帽子但却永远无法达到"全知全能"，看似"无所不能"的科学活动主体"上天入地"却在科学活动引发的负面效应面前显得那么"力不从心"，"聪明"的科学活动主体创造了"机器人""克隆人"却又反射了人的脆弱性和有限性，并时刻生活在可能被取而代之的恐惧之中。

作为第二天性的德性是使科学活动主体摒弃"兽性"，希求"神性"，并"成为人"的重要品质：一方面，德性是科学活动主体异于禽兽的主要标志，它使其不至于沦落为科技动物或机器人，德性"为之，人也；舍之，禽兽也"（《荀子·劝学》）；另一方面，德性是科学活动主体"做高贵的事"的推动

---

① 周辅成.从文艺复兴到十九世纪资产阶级哲学家政治思想家有关人道主义人性论言论选集 [M]. 北京：商务印书馆 .1973：34.

力量，"人由于德性而倾向于做高贵的事"①，而且它有助于科学活动主体成为普遍性的存在，成为历史中的永久记忆。这样，作为第二天性的德性就成了使科学活动主体之为"人"及之为"何种人"的规定性，而人之为人的规定性（资格或品格）就是人格。"一般意义上的'人格'表现为人的内在素质与外在素质的统一体，包含生理、心理、社会和道德等各方面的特性。然而，在构成人格的要素中，德性是人格的核心，是人之为人的根本所在。……德性是人的最人性化的状态，是人的真正本性的实现。"②因此，对于科学活动主体来说，德性与人格是永远无法割裂开来的。

德性与人格具有同构性。首先，它们都是以人的整个存在为出发点的，"人作为道德主体，固然有多方面的规定，但这些规定并非彼此分离；在现实的形态下，它们往往以不同的方式，呈现为统一的结构。从人的存在这一维度看，德性同样并不仅仅表现为互不相关的品格或德目，它所表征的，同时是整个的人。德性的具体表现形式可以是多样的，但作为存在的具体形态，德性又展现为同一道德主体的相关规定。德性的这种统一性往往以人格为其存在形态"③。其次，它们都具有稳定持久的性质。"作为稳定、统一的人格，德性使个体在身处各种特定情境时，既避免走向无视情景特殊性的独断论，又超越蔑视普遍规范制约的相对主义。"④而且，德性与人格均正是不同个体之间的善与恶、高贵与卑下的差异。德性与人格是联合在一起的，这种联合主要体现在：德性是人格的核心，是人格的凝化，同时它又以人格为其存在形态，并构成内在于个体的德性人格。

2.科学活动主体德性人格的结构

德性人格，从其内在结构来看，是由德性（virtue）与人格（personality）组成的复合整体。此处，人格是核心词，而德性则是对人格的某种规定。

就人格而言，它源于拉丁文 persona，其初始含义为"面具"或"脸谱"。故而，

---

① 亚里士多德.尼各马可伦理学 [M].廖申白，译注.北京：商务印书馆，2008：31.
② 陈根法.德性论 [M].上海：上海人民出版社，2004：110.
③ 杨国荣.道德系统中的德性 [J].中国社会科学，2000（3）：85-97.
④ 杨国荣.伦理与存在——道德哲学研究 [M].上海：华东师范大学出版社，2009：49.

人总以两种面貌示人：一种是带着面具的外在的自我，一种是内在的真实的自我，这正是瑞士精神分析学家卡尔·荣格和美国麦克金农博士所持有的观点。如此，人格的双重性及内外差异使人成了难以琢磨的存在。又因为人格在横向和纵向发展中呈现出变动不居的样态，所以人格又是一个待解之谜。"从横的角度来看，不同民族、国家和不同学科，都在对人格作出各种不同的解释；从纵的角度看，不同的历史的发展阶段，不同的文化的发展阶段，也都有着对人格各自不同的解释。"[①]而且，从字面上看，人格是由"人"与"格"整合而成的。此时，"格"为中心词，而"人"则用以修饰"格"。"格"有多种释义，其本原之义为树木的长枝条，后引申为方形的格子、框框或标准、规格。这样，人格首先表现为一种所属关系，是人所处的格子或框框及人所具有的标准或规格，它有别于"物格"和"神格"。同时，人又是处于格子或框框中的人，是被一定标准或规格所约束了的存在，具有规定性和有限性等特征。这样，人既是"格"中之人又企图成为"格"外之人，既被规定又渴望规定，既具有有限性又希求普遍性，而且更为重要的是人能清醒地认识到自身的这一特点，"人格的要义在于，我作为这个人，在一切方面（在内部任性、冲动和情欲方面，以及在直接外部的定在方面）都完全是被规定了的和有限的，毕竟我全然是纯自我相关系；因此我是在有限性中知道自己是某种无限的、普遍的、自由的东西"[②]。故而，人格的双重性、内外差异性及变动性使人始终处于痛苦的矛盾纠葛之中。

保持人格上的适度是解决上述问题的关键。适度是过度与不及的中间状态，过度与不及都是恶的，它破坏完美，而适度则能实现或保存完美，"所以，有三种品质：两种恶——其中一种是过度，一种是不及——和一种作为它们的中间的适度的德性。这三种品质在某种意义上都彼此相反。两种极端都同适度相反，两个极端之间也彼此相反"[③]。德性是处于过度与不及之间的一种适度，"德

① 曲炜. 人格之谜 [M]. 北京：中国人民大学出版社，1991：26.
② 黑格尔. 法哲学原理 [M]. 范扬，张企泰，译. 北京：商务印书馆，2009：45.
③ 亚里士多德. 尼各马可伦理学 [M]. 廖申白，译注. 北京：商务印书馆，2008：53.

性是一种适度，因为它以选取中间为目的。……所以德性是一种选择的品质，存在于相对于我们的适度之中。这种适度是由逻各斯规定的，就是说，是像一个明智的人会做的那样地确定的。德性是两种恶即过度与不及的中间。在感情与实践中，恶要么达不到正确，要么超过正确。德性则找到并且选取那个正确。所以虽然从其本质或概念来说德性是适度，从最高善的角度来说，它是一个极端"①。这样，在德性的作用下，人格就可以选择并保持一种适度的张度。所以，德性在某种意义上是人格的核心，是人格的最具合理性的、最有效的规定性，它使人格成为高贵的或高尚的。而德性人格就是德性对人格的规定性或者说人格在德性上的规定性。

德性人格既需要先天的禀赋，更重要的是后天的培养。而且，当且仅当一个人参与到各种德性生活中去，以处理与己相关的各种德性关系，并进行各种德性活动时，真正的德性人格才能形成。此外，从科学活动主体德性人格的生成过程来看，它涉及探索、创新和造福人类的科学活动中主体德性的建构及由德性向德行的外化。可见，德性人格的生成是一个渐进的过程，它是在德性生活和德性活动中逐渐养成的知善的能力、为善的情感、向善的意志及行善的意向。这样，人倾向于从事那些善的而不是恶的、高尚的而不是卑下的、高贵的而不是卑微的活动，并以其作为判断行为目的与手段、动机与效果的标准。

对于科学活动主体来说，人格也要有德性上的规定性，因为德性能使其处于并保持一种"适度"的状态，从而获得高尚的人格。随着科学的发展，科学活动的双重性日益凸显。这样，科学活动主体就处于深度的矛盾和困惑之中。有时，以造福社会、造福人类为目的科学活动反而导致反社会、反人类的结果。转基因技术大大提高了产品的产量，却又加大了罹患疾病的可能性；生物技术解决了医药无法解决的问题，但也可以将其应用于商业目的或战争；作为新型的能源核能提高了资源的利用率、减少了污染，却也能产生破坏性或毁灭性的后果。在这种情况下，德性人格——作为一种高尚人格——可以

---

① 亚里士多德. 尼各马可伦理学 [M]. 廖申白，译注. 北京：商务印书馆，2008：48.

规范科学活动，使其选取并保持适度的状态，并实现造福社会、为人类谋福利的崇高目标。

三、升华德性人格的境界

作为无限统一力的德性人格具有无穷的魅力和巨大的威力，它确保科学活动的正确方向，并感染和凝聚他人，破除主客二分，实现物我相忘、万物一体，从而达到崇高的人格境界。

1.科学活动主体德性人格的魅力

人格是科学活动主体的第二天性，它既表现为科学活动个体的个体人格，又表现为科学活动共同体的群体人格。然而，无论是个体人格还是群体人格，它所展现的都是科学活动个体或共同体的整体力量，它"既不是单纯的理性，又不是欲望，更不是无意识的冲动，它恰如天才的灵感一样，是从每个人的内部直接而自发地进行活动的无限统一力"①。这样，作为无限统一力的人格就统辖着科学活动主体的整个行为，而科学活动也就是按照人格要求而进行的活动。只有在人格引导下的科学活动，才可能是合乎德性与善的行为。从某种意义上说，科学活动是人格的实现活动。德性人格在科学活动中释放出了无穷的魅力和巨大的威力。

德性人格的力量首先表现在它能使科学活动主体出色地完成科学活动，并确保科学活动的正确方向，正如日本哲学家西田几多郎所洞见的那样，"人格是一切价值的根本，宇宙间只有人格具有绝对的价值。我们本来就有各种要求，既有肉体上的欲望，也有精神上的欲望；从而一定会有财富、权力及知识、艺术等各种可贵的东西。但是无论是多么强大的要求或高尚的要求，如果离开了人格的要求，便没有任何价值；只有作为人格要求的一部分或者手段时才有价值。富贵、权利、健康、技能、学识等本身并不是善，如果违反人格要求时反而会成为恶。因此，所谓绝对的善行必须以人格的实现本身为目的，即必须是

---

① 西田几多郎.善的研究[M].何倩，译.北京：商务印书馆，1983：113.

为了意识统一本身而活动的行为"①。

德性人格是科学活动主体的内在力量，它具有内隐性的特征，但它不是完全囿于内的，它还需要显于外。而作为抽象性的德性人格只有落实到具体的、活生生的、现实的人身上，其德性人格的魅力和力量才能得以彰显，"德性外显为人格……作为德性整体性的存在方式，具体体现在各个历史时期所提出的理想人格范式，它凝结着优秀人物多方面的精神品质，从而为德性提供了具体的人格表现"②。具有高尚人格的科学活动主体往往被赋予榜样的形象而具有了强大的外向辐射力和感染力，并对他人产生深远的影响。物理学家爱因斯坦因狭义相对论、广义相对论、宇宙学和统一场论而闻名遐迩，但是他那不拘小节的形象、淡泊名利的精神、贡献社会与人类的宏大志愿更是对后来的科学活动主体产生了巨大的影响。1921 年的诺贝尔物理学得主爱因斯坦在 2009 年被诺贝尔基金会评选为诺贝尔奖百余年历史上最受尊崇的三位获奖者之一。20 世纪最伟大的英国实验物理学家卢瑟福因其在放射性和原子结构等研究上的贡献而于 1908 年被授予诺贝尔化学奖。他在科学研究中怀疑批判的精神、求真创新的精神、勇往直前和百折不挠的精神、宽容的科学精神及严谨的治学精神更是对后来的科学工作者产生了巨大的影响。1921 年，他的助手索迪获诺贝尔化学奖；第二年，他的两位学生阿斯顿和玻尔分别获诺贝尔化学奖和诺贝尔物理学奖；时隔五年，卢瑟福的助手威尔逊又获诺贝尔物理奖；之后，在 1935 年，他的学生查德威克获诺贝尔物理奖；1948 年，卢瑟福的助手布莱克特获诺贝尔物理奖；1951 年，他的两名学生科克拉夫特和瓦耳顿共同获诺贝尔物理奖；1978 年，他的学生卡皮茨获诺贝尔物理奖。

随着时间的流逝、科学的发展及新成就的涌现，以往的科学活动及其成果有可能被遮蔽、甚至被遗忘在时光之中，但是他们的高贵品格和人格魅力却具有了普遍性和无限性，因为"合德性的活动具有最持久的性质。它们甚至比科学更持久。在这些活动中，最高级的活动就更加持久。因为那些最幸福的人把

---

①　西田几多郎 . 善的研究 [M]. 何倩，译 . 北京：商务印书馆，1983：114.

②　俞世伟 . 规范·德性·德行——动态伦理道德体系的实践性研究 [M]. 北京：商务印书馆，2009：80.

他们的生命的最大部分最持续地用在这些活动上。这大概就是这些活动不易被忘记的原因"①。

2. 科学活动主体德性生态人格及境界

基于德性人格所释放出来的无穷魅力和巨大威力，完善德性人格就成为科学活动主体的内在要求，而科学活动主体应达到何种德性人格境界则是首先需要回答的问题。

关于人格的境界，因为它因人而异、因事而异、因时而异、因地而异，所以难以给出一个客观的、统一的、非个人的标准。正如中国哲学大师冯友兰先生所指出的那样，"各人有各人的境界，严格地说，没有两个人的境界是完全相同的。每个人都是一个体，每个人的境界，都是一个个体的境界。没有两个个体是完全相同的，所以亦没有两个人的境界，是完全相同的。但我们可以忽其小异，而取其大同"②。在中国，以孔孟为代表的儒家学派认为人是有差等的，人格的境界具有层次性（圣人最高、贤人次高、然后是君子），为了"成圣"并实现"安身立命"之目的就需要内外双修以向"从心所欲不逾矩"的最高生命境界和"天人合一"的最高生存境界提升；以老庄为代表的道家学派主张"无为""避世""保身"，以实现"真人"的最高人格境界；"觉、慈、善、仁"构成佛性的四大特征或要素，佛的人格为觉者、慈者、善者、仁者的统一体，佛是觉、慈、善、仁的化身③。在冯友兰先生看来，"就大同方面看，人所可能有的境界，可以分为四种：自然境界，功利境界，道德境界，天地境界"④。在自然境界中的人，其行为是顺才或顺习的；在功利境界中的人，其行为是功利的；在道德境界中的人，其行为是行义的；在天地境界中的人，其行为是事天的⑤。在西方，古希腊人追寻美德，以成为"英雄"或"好公民"及实现"天人合一"为最高的人格境界；中世纪是基督教的世纪，因受到上帝、神或耶稣

① 亚里士多德. 尼各马可伦理学 [M]. 廖申白，译注. 北京：商务印书馆，2008：28.
② 冯友兰. 新原人 [M]. 北京：生活·读书·新知三联书店，2007：45.
③ 樊浩. 中国伦理精神的历史建构 [M]. 南京：江苏人民出版社. 1992：293–297.
④ 冯友兰. 新原人 [M]. 北京：生活·读书·新知三联书店，2007：45.
⑤ 冯友兰. 新原人 [M]. 北京：生活·读书·新知三联书店，2007：45–49.

的恩赐与拯救，此时人是属神的存在，因此人格的最高境界是"神化人格"；及至近代，康德的"人是目的"揭开了个体人格发展的序幕，而自我实现是人格的最高境界；当代社会，随着世界的一体化，一种新的人格境界（类人格）出现了，它关注整个宇宙的和谐与发展。综上所述，古今中外从不同的角度探寻人格的境界。人格境界具有历时性和共时性的特征，而它所呈现出来的样态也精彩纷呈、莫衷一是。纵观古今，横贯中西，理想的人格境界需合乎时代发展的要求，它既要取以往之精华又要弃其糟粕。

从人的生命存在来看，每一个生命个体同时具有多种生命形态，"人不仅具有其生命的'自然'的一面，而且还有其生命'超自然'的一面，即人除了自己的生命本质的'自然'的一面，而且还有其生命的'超自然'的一面，人除了自己的'肉体生命'，同时也有着自己的'精神生命'和在实践中整合'自然生命'与'精神生命'的'价值生命'"①。多种生命形态统一于每一个个体的生命之中，他既以"自然"的肉体生命为根基，又以"超自然"的精神生命为中心，还以"自然生命"与"精神生命"相整合的价值生命为核心，他既需要获得肉体上的满足，又需要寻找精神上的家园，还需要实现生存的价值和意义。为了维持生命的存在并实现生命的价值，同一个生命个体需要在其一生中扮演一系列特性角色，"在特性角色中，角色和人格以一种非常明确而非一般的方式融合在一起，在这种角色中，行为的可能性以更为有限而非一般的方式受到限定"②。这样，人因其特性角色而背负着异常沉重的道义责任并限制着自己的行动。首先，为满足吃、穿、住的动物性需要就须从自然中不断地攫取能量；其次，为了满足精神上的需要就得关注生命的质量、情感、态度，等等；再次，为了实现生命的价值和意义就要重视对他人、社会、人类的贡献和影响，而每一个个体作为自然和社会中的因子既从中受益又受其限制。实际上，个体与自然、他人、社会及由这些要素组成的宇宙系统始终处于一种矛盾运动

---

① 余潇枫. 人格之境：类伦理学引论 [M]. 杭州：浙江大学出版社，2006：5.
② 阿拉斯代尔·麦金太尔. 德性之后 [M]. 龚群，等译. 北京：中国社会科学出版社，1995：37.

之中，而消弭存在中的各种矛盾，实现"物我相忘""浑然一体"的生态人格境界是每一个生命个体的基本要求。正如西田几多郎所指出的那样，"所谓真正的善行，既不是使客观服从主观，也不是主观服从客观。只有达到主客相没、物我相忘、天地间只有一个实在的活动时才能达到善行的顶峰。……本来物和我就是没有区别的，我们既可以说客观世界是自我的反应，同样地也可以说自我是客观世界的反映。离开我所看到的世界便没有我。这是天地同根，万物一体。古代印度的贤人把它说成：'那就是你'，圣保罗也说：'现在活着的，不再是我，而是基督在我里面活着'，孔子则说：'从心所欲，不逾矩'"①。

这样，作为科学活动主体的人同他人一样也具有多种人格与人格境界。它们相互关联形成了科学活动主体的德性生态人格。德性生态人格是科学活动主体人格的最高体现。那么，何谓"生态"？原初的"生态"概念肇始于恩斯特·海克尔，不过它只是一个生物学的范畴，后经拉海尔·卡尔松运用到人与自然关系上，到 20 世纪后半期"生态"一词已然成为整个时代的气质。德国哲学家汉斯·萨克塞倡导应尽可能广泛地理解"生态"这个概念，他认为生态哲学研究的就是广泛的关联。他指出："在社会劳动过程中我们得知人在生态关联网中遇到了严格的控制。我们意识到我们不是作为主人面对这一发展，我们自己也是整体的一部分。"②樊浩概述道："生态的观点，从根本上说就是生命的观点、有机性的观点、内在关联的观点。生态的观点首先是生命的观点，认为生态就是'生命的存在状态'，把世界，包括人、自然、社会都看作有机的生命体。生命的特性是有机性。有机性的本质是广泛而内在的普遍联系。因此，广泛而深刻存在的内在关联，构成的生命有机性是生态合理性的第一原则。"③科学活动主体的德性生态人格既强调了自然、人、社会的内在关联，又表征着科学活动主体的自然生命、精神生命和价值生命的整体性，还再现了万物一体、物我相忘、从心所欲不逾矩的崇高德性境界。

---

① 西田几多郎.善的研究 [M].何倩，译.北京：商务印书馆，1983：117.

② 汉斯·萨克塞.生态哲学 [M].文韬，佩云，译.北京：东方出版社，1991：3.

③ 樊浩.伦理精神的价值生态 [M].北京：中国社会科学出版社，2001：19.

德性人格的威力和魅力在科学活动中尽现，它成为科学活动的最高理想和最高的指导原则，"我们最崇高的目的和理想的秘诀在于人格的世界，它是一切知识和存在的基础；它比物理世界更加丰富；它与自然不断地相互作用；它是一个不可见的世界；它是目的的世界；它是自我认同、私密的个人的世界；它是一个社会的世界；它是一个冲突的世界"①。因此，完善科学活动主体的德性人格至关重要。表面看来，科学活动主体的德性人格是抽象的、不可见的，但是实际上其形成过程和外在表现形式却是具体的，生动的。它既无法摆脱"自然—人—社会"系统及系统内的各因子，又以彼此的相互感通、相互影响、相互提升为基础。

综上所述，科学活动主体不仅能从科学活动自身的特点出发建构其探索德性、创新德性和造福人类的德性并将其运用到科学活动中去，还能建立和完善自身的德行导控和问责机制，以规范和约束其自身的行为。不仅如此，科学活动主体在其德性的理论建构与现实运作中形成了稳定的德性人格。德性人格是科学活动主体魅力的展现，它有助于促进自然的可持续发展、社会的进步、人的全面发展及"自然—人—社会"的和谐发展。

---

① 万俊人 .20 世纪西方伦理学经典 [M]. 北京：中国人民大学出版社，2004：132.

结语　科学活动主体的德性与科学的和谐发展

所谓"知人者智，自知者明"，科学活动主体的明智之举在于既知己又知彼。首先，科学时代以科学发展为其主旋律。发展中的科学以其无法匹敌的力量渗透到一切领域之中，谱写着人类文明史上最绚丽的篇章。如此，科学活动便成为全部人类活动的顶点，而在科学活动中居于主导地位、发挥着关键作用的科学活动个体与科学活动共同体则被赋予主体的特性角色。之所以如此，原因是科学活动主体在其自身修养、心理素质及行为能力中所表现出来的优秀、卓越与不凡。较之于一般个体，科学活动个体掌握了丰富的理论知识，具有更独立的思维能力、更敏锐的洞察能力、更强的理解能力、更迅捷的反应能力及更过硬的心理素质，更易于将身之优秀与心之卓越外化为不凡的行为。而科学活动共同体更是由优秀的、卓越的科学活动个体集结而成。共同体积聚了其内部各个个体成员的力量，尽显其在知识、技术、能力等方面的合力和优势，并以"整个个体"的形式承担艰巨而又繁复的系统科学活动。然而，科学是把双刃剑，科学活动所引发的负面效应是不容忽视的。实际上，科学活动主体的建设能力有多强，其破坏能力就有多大。无疑，科学活动个体与科学活动共同体作为科学活动的主体是一种既有创造力又有破坏力的特殊存在。与此同时，科学活动主体又希求普遍性。随着科学的发展，科学活动主体所处的科学活动"场"与宇宙间的自然—人—社会"域"是同一的，而科学活动个体与科学活动共同体，作为宇宙中的一粟、芸芸众生中的一员，不得不接受已有的"场"和"域"，并不断创造着适合人类栖居的新系统。这样，科学活动主体与系统中的自然、社会、他人等因子有着更为切近的关联，保护自然就是保护人类自己，关爱社会就是关爱自己，为他就是为己。此时，从最一般的意义上来看，科学活动主体又是极为普通的存在。这样，既普通又特别的双重身份在同一个科学活动个体或作为"整个个体"而行动的科学活动共同体身上呈现。科学活动主体既是存在着的存在者，又是存在者中最为优秀的存在之一；既需要从事作为职业活动的科学活动，又不得不参与到其作为宇宙公民的社会活动中去；既追求自身的实现，又不得不顾及整个人类的发展；既为科学而奋斗，又不得不追求更高远的东西——善与美。这样，科学活动主体既不能因发展科学而做出伤害自然、危害社会、祸及他人的行为，又不能在自身发展中丢弃其社会身份和行为目的。

以上，借助于"自知"（知己）与"知人"（知彼）的认识活动，科学活动主体确证了其"所是"，彰显了其既作为"个体的人"又作为"类的人"的存在形式，既"在其中"又"在其外"的存在状态，既"发展科学"又"服务于人类"的存在活动，既"为己"又"为他"的存在价值和存在意义，并将"成己""成人"，即"成其所应是"，作为其奋斗的目标。而德性是科学活动主体能够"成其所应是"的中心，因为德性是人的存在方式，它内在于人并与人的存在同一，以存在着的存在者为中心，以善和幸福为价值指向，关注存在者的存在状况、活动及产生的影响。概言之，德性能使人"成为人，并尊重他人为人"，能使人"是其应所是"或"是其所应是"，能使一个人好并使其活动完成得好。

科学活动主体的德性不是一成不变的，它随着科学活动及其主体的演进而嬗变。科学活动由零散到集约，科学活动主体由个体到共同体，科学活动主体的德性也相应地由真向真善美延展，由个体德性向个体—共同体德性拓展。当前，科学活动主体的德性是在探索、创新和造福人类的科学活动中建构的探索德性、创新德性及造福人类的德性。然而，科学探索活动中真伪悖谬及真善冲突，科学创新活动中革故鼎新的困境及优先权之争，造福人类的科学活动中科学活动主体行为在时间、空间及内在的德福悖谬是科学活动主体德性悖论的主要表现形式，它们阻碍了科学活动主体德性的建构。所以，这就要求科学活动主体克服科学活动的这些德性悖论并建构科学活动主体的德性。然而，德性不是德行，这就须建立和完善科学活动主体德行的导控和问责机制。从德性到德行，科学活动主体形成了稳定的、作为第二天性的德性，德性是人格的核心，德性与人格一起构成了德性人格。德性人格是科学活动的推动力量，因此科学活动主体要展现其德性的人格魅力，提升其德性境界，促进"人—社会—自然"与科学的和谐发展。

成就德性的科学活动主体既能使其成为"优秀的"又能使其成为"好的"还能使其科学活动完成得好。有德性的科学活动主体能自觉地按照"志于道、据于德、依于仁、游于艺"（《论语·述而》）的原则做人做事。所谓"志于道、据于德、依于仁、游于艺"，是先秦孔子对如何做人提出的一个基本要求和希冀，其言下之意是指以"道"为志向，立志高远；以"德"为根据，执守德性；以"仁"为凭借，发挥德行；以"艺"为基础，游刃有余。科学活动个体或科学活动共同体凭借丰富的知识和娴熟的技艺从事各项科学活动。在科学活动中，他们不仅将发展科学作为其奋进的直接目标，而且还设定了更高远的目的，即满足人类生存和发展的需要、为人类谋福利；他们不仅醉心于科学的探索与创造活动，更关注科学产品所能引发的负效应，从而采取适当的行为规避风险以创造更大的价值；他们不仅能用科学本身的发展解决科学发展中出现的问题，还能预估科学活动的风险并主动地自觉规避风险；他们不仅关注自我的实现，更重视"自然—人—社会"的和谐及全人类的共同发展、完善和幸福。从某种意义上说，科学活动理应是合乎德性的活动，科学活动与德性活动是同一的。如此，"自知"的科学活动主体不仅能"自主地"从事科学活动，而且能"自觉地"审视科学活动与"自然—人—社会"系统的和谐关系，"自律地"开展既为己又为他的活动，"自愿地"承担科学活动的风险和责任。这样，科学活动个体与科学活动共同体才能成为"大写的""顶天立地"的科学活动主体，才能实现科学活动与德性活动的契合，才能促进科学活动的顺利开展，也才能实现为人类谋福利的善的和幸福的目标。

参考文献

一、中文文献

（一）论著

1. 马克思恩格斯全集：第 1 卷 [M]. 北京：人民出版社，1995.

2. 马克思恩格斯全集：第 3 卷 [M]. 北京：人民出版社，2003.

3. 马克思恩格斯全集：第 20 卷 [M]. 北京：人民出版社，1971.

4. 马克思恩格斯全集：第 42 卷 [M]. 北京：人民出版社，1979.

5. 马克思恩格斯全集：第 46 卷 [M]. 北京：人民出版社，2003.

6. 马克思恩格斯选集：第 2 卷 [M]. 北京：人民出版社，1995.

7. 马克思恩格斯选集：第 4 卷 [M]. 北京：人民出版社，1972.

8. 恩格斯. 自然辩证法 [M]. 中央编译局，译. 北京：人民出版社，1971.

9. 列宁全集：第 38 卷 [M]. 北京：人民出版社，1959.

10. 汉娜·阿伦特. 人的条件 [M]. 竺乾威，等译. 上海：上海人民出版社，1999.

11. 鲍山葵. 美学三讲 [M]. 周煦良，译. 上海：上海译文出版社，1983.

12. 伯纳德·巴伯. 科学与社会秩序 [M]. 顾昕，译. 上海：三联书店，1991.

13. 加斯东·巴什拉. 科学精神的形成 [M]. 南京：江苏教育出版社，2006.7.

14. 弗里德里希·包尔生. 伦理学体系 [M]. 何怀宏，廖申白，译. 北京：中国社会科学出版社，1988.

15. 齐格蒙特·鲍曼. 共同体 [M]. 欧阳景根，译. 南京：江苏人民出版社，2003.

16. J.D. 贝尔纳. 历史上的科学 [M]. 伍况甫，等译. 北京：科学出版社，1981.

17. J.D. 贝尔纳. 科学的社会功能 [M]. 陈体芳，译. 桂林：广西师范大学出版社，2003.

18. 巴甫洛夫·伊凡·彼德罗维奇. 甫洛夫选集 [M]. 吴生林，贾耕，等译. 北京：科学出版社，1995.

19. 柏拉图. 泰阿泰德·智术之师 [M]. 严群，译. 北京：商务印书馆，1963.

20. 卡尔·波普尔. 科学知识进化论 [M]. 纪树立，编译. 北京：生活·读书·新知三联书店，1987.

21. 汉斯·波塞尔. 科学：什么是科学 [M]. 李文潮，译. 上海：上海三联书店，2002.

22. 布尔迪厄，华康德. 实践与反思：反思社会学导引 [M]. 李猛，李康，译. 北京：中央编译出版社，2004.

23. 布尔迪厄. 科学的社会用途：写给科学场的临床社会学 [M]. 刘成富，张艳，译. 南京：南京大学出版社，2005.

24. 布尔迪厄. 科学之科学与反观性 [M]. 陈圣生，涂释文，梁亚红，等译. 桂林：广西师范大学出版社，2006.

25. 威廉·布罗德，尼古拉斯·韦德. 背叛真理的人们：科学殿堂中的弄虚作假 [M]. 朱进宁，方玉珍，译. 上海：上海科技教育出版社，2004.

26. 勒奈·笛卡尔. 探索真理的指导原则 [M]. 管震湖，译. 北京：商务印书馆，1991.

27. 海伦·杜卡斯，巴纳西·霍夫曼. 爱因斯坦谈人生 [M]. 高志凯，译. 北京：世界知识出版社，1984.

28. 约翰·马丁·费舍，马克·拉维扎. 责任与控制——一种道德责任理论 [M]. 杨韶刚，译. 北京：华夏出版社，2002.

29. 巴尔塔莎·葛拉西安. 智慧书 [M]. 辜正坤，译. 哈尔滨：哈尔滨出版社，1998.

30. 大卫·格里芬. 后现代科学：科学魅力的再现 [M]. 马季方，译. 北京：中央编译出版社，1995.

31. 尤尔根·哈贝马斯. 作为"意识形态"技术与科学 [M]. 李黎，郭官义，译. 上海：学林出版社，1999.

32. 海德格尔. 路标 [M]. 孙周兴，译. 北京：商务印书馆，2000.

33. A.J. 赫舍尔. 人是谁 [M]. 隗仁莲，译. 贵州：贵州人民出版社，1994.

34. 黑格尔. 小逻辑 [M]. 贺麟，译. 北京：商务印书馆，1980.

35. 黑格尔. 精神现象学 [M]. 贺麟，王玖兴，译. 北京：商务印书，1996.

36. 黑格尔. 法哲学原理 [M]. 范扬，张企泰，译. 北京：商务印书馆，2009.

37. 埃德蒙德·胡塞尔. 欧洲科学危机和经验现象学 [M]. 张庆熊，译. 上海：上海译文出版社，1988.

38. 马克斯·霍克海默. 批判理论 [M]. 李小兵，译. 重庆：重庆出版社，1989.

39. 汉斯－格奥尔格·伽达默尔. 真理与方法：哲学诠释学的基本特征 [M]. 洪汉鼎，译. 上海：上海译文出版社，1999.

40. 安东尼·吉登斯. 现代性的后果 [M]. 田禾，译. 南京：南京译林出版社，2000.

41. 恩斯特·卡西尔. 人论 [M]. 甘阳, 译. 上海: 上海译文出版社, 2003.

42. 伊曼努尔·康德. 判断力批判 [M]. 韦卓民, 译. 北京: 商务印书馆, 1996.

43. 伊曼努尔·康德. 康德文集 [M]. 郑保华, 等译. 北京: 改革出版社, 1997.

44. 伊曼努尔·康德. 道德形而上学原理 [M]. 苗力田, 译. 上海: 上海人民出版社, 2005.

45. 伊曼努尔·康德. 实践理性批判 [M]. 韩水法, 译. 北京: 商务印书馆, 2007.

46. 托马斯·库恩. 必要的张力 [M]. 范岱年, 纪树立, 译. 福州: 福建人民出版社, 1981.

47. 拉契科夫. 科学学: 问题·结构·基本原理 [M]. 韩秉成, 陈益升, 倪星源, 译. 北京: 科技出版社, 1984.

48. 让·拉特利尔. 科学和技术对文化的挑战 [M]. 吕乃基, 王卓君, 林啸雨, 译. 北京: 商务印书馆, 1997.

49. 小摩里斯·N.李克特. 科学是一种文化过程 [M]. 顾昕, 张小天, 译. 北京: 三联书店, 1989.

50. 戴维·林德伯格. 西方科学的起源: 公元前六百年至公元一千四百五十年宗教, 哲学和社会制度大背景下的欧洲科学传统 [M]. 王珺, 等译. 北京: 中国对外翻译出版公司, 2001.

51. 卢梭. 论科学与艺术 [M]. 何兆武, 译. 北京: 商务印书馆, 1980.

52. 卢卡奇. 历史与阶级意识——关于马克思主义辩证法的研究 [M]. 杜章智, 等译. 北京: 商务印书馆, 1995.

53. 霍尔姆斯·罗尔斯顿. 哲学走向荒野 [M]. 刘耳, 叶平, 译. 长春: 吉林人民出版社, 2000.

54. 赫伯特·马尔库塞. 单向度的人——发达工业社会意识形态研究 [M]. 刘继, 译. 上海: 上海译文出版社, 1989.

55. 赫伯特·马尔库塞. 审美之维 [M]. 李小兵, 译. 桂林: 广西师范大学出版社, 2001.

56. 阿拉斯代尔·麦金太尔. 德性之后 [M]. 龚群, 等译. 北京: 中国社会科学出版社, 1995.

57. 阿拉斯代尔·麦金太尔. 谁之正义? 何种合理性? [M]. 万俊人, 吴海针, 王今一, 译. 北京: 当代中国出版社, 1996.

58. R.K.默顿. 科学社会学 [M]. 鲁旭东, 林聚任, 译. 北京: 商务印书馆, 2003.

59. 约翰·奈比斯特. 大趋势——改变我们生活的十个新趋向 [M]. 孙道章, 等译. 北京: 新华出版社, 1984.

60. O.内森, H.诺登. 巨人箴言录: 爱因斯坦论和平 [M]. 李醒民, 刘新民, 译. 长沙: 湖南出版社，1992.

61. 莱茵霍尔德·尼布尔. 道德的人与不道德的社会 [M]. 蒋庆，等译. 贵阳：贵州人民出版社，1998：203.

62. 弗兰西斯·培根. 新工具 [M]. 许宝骙，译. 北京：商务印书馆，1984.

63. 弗兰西斯·培根. 培根论说文集 [M]. 水天同，译. 上海：上海人民出版社，1983.

64. 汉斯·萨克塞. 生态哲学 [M]. 文韬，佩云，译. 北京：东方出版社，1991.

65. 理查德·桑内特. 公共人的衰落 [M]. 李继宏，译. 上海：上海译文出版社，2008.

66. 舍勒. 舍勒选集 [M]. 刘小枫，编译. 上海：上海三联书店，1999.

67. 施密特. 马克思的自然概念 [M]. 欧力同，译. 北京：商务印书馆，1998.

68. 马克斯·舒勒. 人在宇宙中的地位 [M]. 李博杰，译. 贵州：贵州人民出版社，1989.

69. 斯宾诺莎. 伦理学 [M]. 贺麟，等译. 北京：商务印书馆，1983.

70. 斐迪南·滕尼斯. 共同体与社会 [M]. 林荣远，译. 北京：商务印书馆，1999.

71. 爱弥尔·涂尔干. 道德教育 [M]. 陈金光，沈杰，朱谐汉，译. 上海：上海人民出版社，2001.

72. 西田几多郎. 善的研究 [M]. 何倩，译. 北京：商务印书馆，1983.

73. 亚里士多德. 尼各马可伦理学 [M]. 廖申白，译注. 北京：商务印书馆，2008.

74. 亚里士多德. 亚里士多德全集：第八卷 [M]. 苗力田，译. 北京：中国人民大学出版社，1994.

75. 卡尔·雅斯贝尔斯. 历史的起源与目标 [M]. 魏楚雄，俞新天，译. 北京：华夏出版社，1989.

76. 余纪元. 德性之镜：孔子与亚里士多德的伦理学 [M]. 林航，译. 北京：中国人民大学出版社，2009.

77. 苏联大百科全书 [M]. 北京：生活·读书·新知三联书店，1957.

78. 中国大百科全书 [M] 北京：红旗出版社，1994.

79. 田秀云，白臣. 当代社会责任伦理 [M]. 北京：人民出版社，2008.

80. 陈爱华. 现代科学伦理精神的生长 [M]. 南京：东南大学出版社，1995.

81. 陈爱华. 科学与人文的契合——科学伦理精神历史生成 [M]. 长春：吉林人民出版社，2003.

82. 陈根法. 德性论 [M]. 上海：上海人民出版社，2004.

83. 车文博. 当代西方心理学新词典 [M]. 长春：吉林人民出版社，2001.

84. 车文博 . 心理咨询大百科全书 [M]. 杭州：浙江科学技术出版社，2001.

85. 邓九平 . 中国文化名人谈治学 [M]. 北京：大众文艺出版社，2000.

86. 樊浩 . 道德与自我 [M]. 长春：吉林教育出版社，1994.

87. 樊浩 . 中国伦理精神的历史建构 [M]. 南京：江苏人民出版社，1992.

88. 樊浩 . 伦理精神的价值生态 [M]. 北京：中国社会科学出版社，2001.

89. 冯契 . 人的自由和真善美 [M]. 上海：华东师范大学出版社，1996.

90. 甘绍平 . 应用伦理学前沿问题研究 [M]. 南昌：江西人民出版社，2002.

91. 高国希 . 道德哲学 [M]. 上海：复旦大学出版社，2005.

92. 顾肃 . 科学理性论 [M]. 北京：中国社会出版社，1992.

93. 何怀宏 . 什么是伦理学 [M]. 北京：北京大学出版社，2002.

94. 贺善侃 . 价值、文化、科技：面向新世纪的价值哲学研究 [M]. 上海：东华大学出版社，
    2004.

95. 胡必亮 . 关系共同体 [M]. 北京：人民出版社，2005.

96. 江畅 . 德性论 [M]. 北京：人民出版社，2011.

97. 金炳华 . 马克思主义哲学大辞典 [M]. 上海：上海辞书出版社，2003.

98. 李春秋 . 中国小学教学百科全书·品德卷 [M]. 沈阳：沈阳出版社，1993.

99. 李兆有 . 技术创新主体论 [M]. 沈阳：东北大学出版社，2002.

100. 刘大椿 . 科学活动论 [M]. 北京：人民出版社，1985.

101. 刘大椿 . 从中心到边缘：科学、哲学、人文之反思 [M]. 北京：北京师范大学出版社，
     2006.

102. 刘大椿 . 走向自为——社会科学的活动与方法 [M]. 重庆：重庆出版社，2007.

103. 刘蔚华，陈远 . 方法大辞典 [M]. 济南：山东人民出版社，1991.

104. 罗肇鸿，王怀宁 . 资本主义大辞典 [M]. 北京：人民出版社，1995.

105. 苗力田 . 亚里士多德选集·伦理学卷 [M]. 北京：中国人民大学出版社，1999.

106. 蒙培元 . 情感与理性 [M]. 北京：中国社会科学出版社，2002.

107. 秦轶辉 . 科学活动与科研方法 [M]. 北京：北京大学出版社，1993.

108. 秦越存 . 追寻美德之路：麦金太尔对现代西方伦理危机的反思 [M]. 北京：中央编译出版社，
     2008.

109. 曲炜 . 人格之谜 [M]. 北京：中国人民大学出版社，1991.

110. 时蓉华 . 社会心理学词典 [M]. 成都：四川人民出版社，1988.

111. 王大衍，于光远 . 论科学精神 [M]. 北京：中央编译出版社，2001.

112. 王德胜，李建会 . 科学是什么——对科学的全方位的反思 [M]. 沈阳：辽宁教育出版社，1993.

113. 王国银 . 德性伦理研究 [M]. 长春：吉林人民出版社，2006.

114. 王育殊 . 科学伦理学 [M]. 南京：南京工学院出版社，1988.

115. 万俊人 . 寻求普世伦理 [M]. 北京：商务印书馆，2001.

116. 万俊人 . 现代性的伦理话语 [M]. 哈尔滨：黑龙江人民出版社，2002.

117. 万俊人 .20 世纪西方伦理学经典 [M]. 北京：中国人民大学出版社，2004.

118. 魏屹东 . 科学活动中的利益冲突及其控制 [M]. 北京：科学出版社，2006.

119. 吴国盛 . 科学的历程 [M]. 长沙：湖南科学技术出版社，1997.

120. 现代汉语词典 [M]. 北京：商务印书馆，1991.

121. 萧焜焘 . 自然哲学 [M]. 南京：江苏人民出版社，2004.

122. 向洪 . 当代科学学辞典 [M]. 成都：成都科技大学出版社，1987.

123. 许良英，赵中立，张宣三 . 爱因斯坦文集 [M]. 北京：商务印书馆，1979.

124. 杨国荣 . 伦理与存在——道德哲学研究 [M]. 上海：华东师范大学出版社，2009.

125. 杨国荣 . 人类行动与实践智慧 [M]. 北京：三联书店，2013.

126. 杨岚 . 人类情感论 [M]. 天津：百花文艺出版社，2002.

127. 姚新中 . 道德活动论 [M]. 北京：中国人民大学出版社，1990.

128. 余潇枫 . 人格之境：类伦理学引论 [M]. 杭州：浙江大学出版社，2006.

129. 俞世伟 . 规范·德性·德行——动态伦理道德体系的实践性研究 [M]. 北京：商务印书馆，2009.

130. 赵汀阳 . 论可能生活 [M]. 北京：中国人民大学出版社，2010.

131. 曾钊新 . 道德心理学 [M]. 长沙：中南大学出版社，2002.

132. 张彦 . 科学价值系统论——对科学家和科学技术的社会学研究 [M]. 北京：社会科学文献出版社，1994.

133. 张一兵，胡大平 . 西方马克思主义哲学的历史逻辑 [M]. 南京：南京大学出版社，2003.

134. 郑慧子 . 走向自然的伦理 [M]. 北京：人民出版社，2006.

135. 周辅成 . 从文艺复兴到十九世纪资产阶级哲学家政治思想家有关人道主义人性论言论选集 [M]. 北京：商务印书馆，1973.

136. 朱贻庭 . 伦理学大辞典 [M]. 上海：上海辞书出版社，2002.

（二）论文

1. 蔡贤浩 . 浅谈现代科学共同体的伦理规范 [J]. 广西社会科学，2004（5）.

2. 陈爱华 . 试论科学活动的德性本质 [J]. 哲学研究，1993（3）.

3. 陈爱华 . 略论科学活动的伦理价值 [J]. 苏州科技学院学报，2003（8）.

4. 陈爱华 . 现代科技三重逻辑的道德哲学解读 [J]. 东南大学学报，2014（1）.

5. 陈文化，刘枝桂 . 科学技术活动及其主要特征新探 [J]. 科学技术与辩证法，1997（4）.

6. 陈文化，李立生 ."科学伦理"是一种抽象的伦理观 [J]. 自然辩证法研究，2001（9）.

7. 杜振言 . 论道德的主体性和规范性 [J]. 湖南师范大学社会科学学报，2003（2）.

8. 樊浩 . 道德哲学体系中的个体、集体与实体 [J]. 道德与文明，2006（3）.

9. 樊浩 . 高技术的伦理——道德悖论及其文化战略 [N]. 光明日报，2004–09–14.

10. 甘绍平 . 科技伦理：一个有争议的课题 [J]. 哲学动态，2000（10）.

11. 高岸起 . 论情感在认识中的作用 [J]. 南京师范大学学报，2000（5）.

12. 高国希 . 德性的结构 [J]. 道德与文明，2008（3）.

13. 龚群 . 回归共同体主义与拯救德性——现代德性伦理学评介 [J]. 哲学动态，1998（6）.

14. 龚群，邢雁欣 . 德性伦理学的行为者中心论 [J]. 伦理学研究，2011（2）.

15. 贺来 ."道德共识"与现代社会的命运 [J]. 哲学研究，2001（5）.

16. 蒋颖 . 科学实践的场域结构：布尔迪厄的科学场理论 [J]. 理论界，2007（2）.

17. 李兰芬，王国银 . 德性伦理：人类的自我关怀 [J]. 哲学动态，2005（12）.

18. 李侠 . 简析科学、科学主义与反科学主义 [J]. 科学技术哲学研究，2004（6）.

19. 李醒民 . 由美走向真和善 [J]. 学习与实践，2006（9）.

20. 刘大椿 . 科学伦理：从规范研究到价值反思 [J]. 南昌大学学报，2001（4）.

21. 卢风 . 科技伦理研究中的两种倾向 [J]. 哲学动态，2001（7）.

22. 吕乃基 . 科学的代价 [J]. 自然辩证法研究，1995（12）.

23. 吕乃基 . 论知识的演进历程 [J]. 科技导报，2003（7）.

24. 茅炫 . 科学研究是涉及伦理评判的实践活动 [J]. 西北师范大学学报，2004（4）.

25. 马维娜 ."整个的个体"：中国教育改革中的国家、地方、学校 [J]. 江苏社会科学，2012（4）.

26. 宋怀时 . 科学共同体在科学活动中的作用 [J]. 自然辩证法，1985（4）.

27. 陶明报 . 论科学活动中的德性 [J]. 道德与文明，2003（3）.

28. 田海平 . 论科学之"善" [J]. 道德与文明，2004（5）.

29. 田海平. 从"控制自然"到"遵循自然"——人类通往生态文明必须具备的一种伦理觉悟 [J]. 天津社会科学，2008（5）.

30. 王珏. 科学共同体的集体化模式及其伦理难题 [J]. 学海，2004（5）.

31. 王义芳. 从道德情感走向道德自由 [J]. 伦理学研究，2010（11）.

32. 魏佳音，李健珊. 也谈近代科学与古希腊文化的关系——与席泽宗先生商榷 [J]. 科学技术与辩证法，2003（2）.

33. 夏甄陶. 论人的普遍性 [J]. 哲学研究，1992（10）.

34. 杨国荣. 道德系统中的德性 [J]. 中国社会科学，2000（3）.

35. 杨国荣. 论道德自我 [J]. 上海社会科学院学术季刊，2001（2）.

36. 杨国荣. 道德的认识之维 [J]. 江苏社会科学，2002（6）.

37. 杨鲜兰. 从科学认识中探寻真善美的统一——读《科学：真善美的统一》[J]. 武汉大学学报，2010（3）.

38. 俞吾金. 存在、自然存在和社会存在——海德格尔、卢卡奇和马克思本体论思想的比较研究 [J]. 中国社会科学，2001（2）.

39. 郑慧子. 科学共同体的整体研究取向与科学发现的社会进程 [J]. 河南大学学报，1989（3）.

40. 张一兵. 当代生态学视界与科学历史观的深层逻辑——关于人与自然、技术与社会发展关系的哲学辨识 [J]. 哲学研究，1993（8）.

41. 牛俊美. 走向"生态思维"的科学伦理 [D]. 南京：东南大学，2010.

42. 王小锡. 经济德性论：对经济与道德之关系探讨 [D]. 长沙：湖南师范大学，2008.

43. 薛桂波. 科学共同体的伦理精神 [D]. 南京：东南大学，2007.

二、外文文献

（一）论著

1.AGAZZI E. Right, Wrong and Science: The Ethical Dimensions of the Techno-Scientific Enterprise[M].Amsterdam:Rodopi, 2004.

2.ALASDAIR MACLNTYRE. Three Rival Versions of Moral Enquiry: Encyclopaedia, Genealogy, and Tradition[M]. USA: University of Notre Dame Press, 1991.

3.ALASDAIR MACLNTYRE. Whose Justice? Which Rationaltiy[M]. USA: Duckworth Publishing, 1995.

4.ALASDAIR MACLNTYRE. Short History of Ethics: A History of Moral Philosophy from the Homeric Age to the Twentieth Century[M]. USA: University of Notre Dame Press, 1998.

5.ALASDAIR MACLNTYRE. After Virtue: A Study in Moral Theory[M]. USA: University of Notre Dame Press, 2007.

6.ARISTOTLE. Nicomachean Ethics[M]. UK: Cambridge University Press, 2004.

7.BARBER B. Science And The Social Order[M]. London:George Allen And Unwin Limited,1953.

8.BERMARD E ROLLIN. Science and Ethics [M]. Cambridge: Cambridge University Press, 2006.

9.BERNAL J. The Social Function of Science[M].London:George Routledge, 1944.

10. BERNARD SEMMEL, JOHN STUART Mill. The Pursuit of Virtue[M]. New Haven: Yale University Press, 1984.

11.BRANDT. A Theory of the Good and the Right[M].New York: Prometheus Books.1998.

12.CHALMERS A. What is this Thing Called Science[M].St Lucia: University of Queesland Press, 1999.

13.DAVID SHERMAN. Sartre and Adorno: The Dialectics of Subjectivity[M]. USA: State University of New York Press, 2007.

14. ERNEST SOSA. Knowledge in Perspective: Selected Essays in Epistemology [M]. Cambridge: Cambridge University Press, 1991.

15.FORTENBAUGH, WILLIAM W. Aristotle: Animals, Emotion, and Moral Virtue[M]. Maryland: Johns Hopkins University Press, 2003.

16.GRIFFIN D R. The Reenchantment of Science[M]. Albany:State University of New York Press, 1988.

17.G.W.F. HEGEL. Philosophy of Right[M].Kitchener: Batoche Books, 2001.

18.HARTMANN N. Moral Values[M].New Brunswick: Transaction Publishers, 2009.

19.HESCHEL A. Who is Man? [M].Palo Alto: Stanford University Press,1965.

20.JEREMY BENTHAM. Science of Morality[M]. UK: Edinburgh Review, 2000.

21.JONAS HANS. The Imperative of Responsibility: In Search of an Ethics for the Technological Age[M].Chicago:University of Chicago Press, 1985.

22.J. W. MCALLISTER. Beauty & Revolution in Science [M]. Cornell University Press, U.S.1996.

23.IMAMANUEL KANT. Critique of Practical Reason[M]. UK: Cambridge University Press, 2001.

24.KIM ATKINS. Self and Subjectivity[M]. USA: Blackwell Publishing, 2005.

25.KUHN, T. The Structure of Scientific Revolutions[M]. Chicago: University of Chicago Press, 2012.

26.LINDA TRINKAUS ZAGZEBSKI.Virtue of the Mind: An Inquiry into the Nature of Virtue and the Ethical Foundations of Knowledge[M]. Cambridge: Cambridge University Press, 1998.

27.LOUDEN. Morality and Moral Theory: A Reappraisal and Reaffirmation[M]. New York: Oxford University Press, 1992.

28.LOUIS CARUANA. Science and Virtue: An Essay on the Impact of the Scientific Mentality on Moral Character [M].Athenaeum Press Ltd, Gateshead, Tyne&Wear,2006.

29.L T ZAGZEBSKI. Virtues of the Mind：An Inquiry into the Nature of Virtue and the Ethical Foundation of Knowledge[M]. Cambridge: Cambridge University Press，1996.

30.MACKINNON, V. Ethics: Theory and Contemporary Issues[M]. Nre York: Oxford University Press, 1992.

31.MASON. A History of the Sciences[M]. New York: Collier Books, 1962.

32.MIKAEL STENMARK. Scientism: Science Ethics and Religion[M]. Cambridge:Cambridge University Press, 2002.

33.NAGEL, T. Mortal Questions[M]. New York: Cambridge University Press, 1991.

34.RAWLS. A Theory of Justice[M]. Cambridge: Harvard University Press, 1971.

35. Richmond Campbell and Bruce Hunter. Moral Epistemology Naturalized[M]. Canada: University of Calgary Press, 2000.

36.RICARDO FARIA. Habit Formation, Work Ethics And Technological Progress[M]. UK: 37. Blackwell Publishing Ltd and The Victoria University of Manchester, 2004.

37.RIST, J. Real Ethics: Reconsidersing the Founations of Morality[M]. Cambridge:Cambridge University Press,2002.

38.ROSALIND HURSTHOUSE. On Virtue Ethics[M].UK:Oxford University Press, 1999.

39.SINGER, P. Practical Ethics[M]. Cambridge:Cambridge University Press, 1993.

40.STEFAN KIPFER.Dialectical Materialism [M]. UK:University of Minnesota Press, 2009.

41.STEVN M CAHN and PETER MARKIE. History, Theory, and Contemporary Issues[M]. UK:Oxford University Press, 1989.

42.TOM BEAUCHAMP. Principle of Biomedical Ethics[M]. UK: Oxford University Press, 2001.

43.TOM SORELL. Scientism: Philosophy and the infatuation with science[M] Routledge Tom Sorell Ltd, 1991.

44.VIVAS. The Moral Life and the Ethical Life [M]. New York: University Press of America, 1983.

45.WALLACE J D. Moral Relevance and Moral Conflict [M]. New York: Cornell University Press, 1988.

46. WHITEHEAD. Science and the Modern World [M]. Cambridge:Cambridge University Press,2011.

47. ZIMAN, J. Real Science: What it is and What it Means [M]. Cambridge:Cambridge University Press, 2004.

（二）论文

1. AVIEZER TUCKER. From Republican Virtue to Technology of Political Power: Three Episodes of Czech Nonpolitical Politics[J]. The Academy of Political Science.2013,115(3).

2. BRYCE HUEBNER, SUSAN DWYER, MARC HAUSER. The Role of Emotion in Moral Psychology[J]. Trends in Cognitive Sciences.2009,13(1).

3. CHRISTOPHER HAMLIN. A Virtue–Free Science for Public Policy[J].Minerva.2005,43(4).

4. C MALLETT, S FLETCHER. Indirect Access——using Intelligence to Make a Virtue out of a Necessity[J]. BT Technol J.1998,16(4).

5. EVELYN GICK. Cognitive Theory and Moral Behavior: The Contribution of F. A. Hayek to Business Ethics[J]. Journal of Business Ethics.2003,45(1).

6. G. MICHAEL LEFFEL. Emotion and Transformation in the Relational Spirituality Paradigm Part 1. Prospects and Prescriptions for Reconstructive Dialogue[J].Journal of Psychology and Theology.2007,35(4).

7. J B RUHL. Reconstructing the Wall of Virtue: Maxims for the Co–evolution of Environmental Law and Environmental Science[J]. Environmental Law.2007,37(274).

8. JIN LI. Mind or Virtue: Western and Chinese Beliefs About Learning[J]. America Psychological Society.2005,48(2).

9. JOHN W SANTROCK. Moral Structure: The Interrelations of Moral Behavior, Moral Judgment, and Moral Affect[J]. The Journal of Genetic Psychology.1975,127(2).

10. KRISTIN SHRADER–FRECHETTE. Technological Risk and Small Probabilities[J]. Journal of Business Ethics.1985,4(6).

11. KYLE S VAN HOUTAN. Conservation as Virtue: a Scientific and Social Process for Conservation Ethics[J]. Conservation Biology.2006,20(5).

12．LEDGER WOOD. Cognition and Moral Value[J]. The Journal of Philosophy.1937,34(9).

13．LUCA CONSOLI. The Intertwining of Ethics and Methodology in Science and Engineering: A Virtue—ethical Approach[J].Interdisciplinary Science Reviews.2008,33(3).

14．MICHAEL S HOGUE. Theological Ethics And Technological Culture: A Biocultural Approach[J]. Zygon.2010,42(1).

15．NEIL SINCLAIR. The Moral Belief Problem[J]. Journal Compilication.2006,19(2).

16．PARRY M NORLING. In Innovation, Is Patience A Virtue?[J]. Research,Technology Management.2009,52(3).

17．ROBERT C BARTLETT. Socratic Ploitical Philosophy and the Problem of Virtue[J]. The American Political Science Review.2002,96(3).

18．WILLIAM K JAEGER. Status Seeking and Social Welfare: Is There Virtue in Vanity?[J]. Social Science Quarterly.2004,85(2).

后　记

本书即将出版之际，借此机会感谢写作与出版过程中曾给予我帮助的人们。

感恩东南大学。在这片"东揽钟山紫气，北拥扬子银涛"的钟灵毓秀之地，我受益良多。她教会我怀揣"展宏韬"的理想抱负，"日新臻化境"，并"止于至善"。

感恩恩师陈爱华教授。是她，将我领进了伦理学的殿堂，使我在其间畅游；是她，孜孜以求的学术精神、严谨治学的学术态度、持之以恒的学术品格激励着我不断前行；是她，如母亲般的关怀和照顾，指引我做人、做事，使我在艰难的求学生涯中倍感温暖。尤其是对我博士论文的指导，更是倾注了陈老师大量的心血。正是由于陈老师的悉心指导、慧心点拨、耐心审阅、严格把关，我的博士论文才能顺利完成。

感恩硕博期间给予我诸多教诲和帮助的樊和平教授、田海平教授、王珏教授、夏保华教授、徐嘉教授、马向真教授、许建良教授、王俊副教授等。

感恩与我一起并肩学习的师兄师姐、师弟师妹及同门。在交流和争辩中，思想的花火点燃。

感恩潍坊医学院的前辈们，是他们提出的宝贵意见和建议，使我对本书做进一步修改和完善。

感恩出版社的老师们，是他们不辞辛苦地反复校对稿件、不厌其烦地与我沟通，才使得本书精益求精。

最后，感恩父母、爱人和姐弟们。谢谢你们一直以来的支持和鼓励。

2018 年 8 月于智和湖